智能建筑设计与施工系列图集

6 安全防护系统

柳 涌 主编

中国建筑工业出版社

图书在版编目(CIP)数据

安全防护系统/柳涌主编.—北京:中国建筑工业出版社,2004
(智能建筑设计与施工系列图集6)
ISBN 7-112-05703-5

Ⅰ.安… Ⅱ.柳… Ⅲ.智能建筑－安全设备－图集 Ⅳ.TU89-64

中国版本图书馆 CIP 数据核字(2003)第 105386 号

本图集依据现行国家及行业标准编写,重点介绍了安全防范工作的内容。全书共分6章。包括:闭路电视监控系统;防盗报警系统;门禁系统;对讲系统;巡更系统;停车场管理系统等。

书中以图为主,附有系统及安装说明,通俗易懂,实用性强。可供有关设计院的设计人员和建筑施工企业的主任工程师、技术队长、工长、施工员、班组长、质量检查员及操作工人使用。

* * *

责任编辑:胡明安　姚荣华
责任设计:彭路路
责任校对:刘玉英

智能建筑设计与施工系列图集
6　安全防护系统

柳　涌　主编

*

中国建筑工业出版社出版、发行(北京西郊百万庄)
新 华 书 店 经 销
北京同文印刷有限责任公司印刷

*

开本:787×1092毫米　横1/16　印张:19字数:458千字
2004年2月第一版　　2005年6月第二次印刷
印数:4001－6000册　　定价:40.00元
ISBN 7－112－05703－5
TU・5015(11342)

版权所有　翻印必究
如有印装质量问题,可寄本社退换
(邮政编码　100037)

本社网址:http://www.china-abp.com.cn
网上书店:http://www.china-building.com.cn

出 版 说 明

为提高目前我国智能建筑设计与施工的整体水平,为设计与施工人员在工作中提供方便,中国建筑工业出版社组织国内有关专家编写了本套《智能建筑设计与施工系列图集》(1~6册),分别是:

1 楼宇自控系统
2 消防系统
3 通信、网络系统
4 小区智能化系统
5 综合布线系统
6 安全防护系统

本套图集以现行建筑安装工程设计、施工及验收规范、规程和工程质量验收标准为依据,结合作者多年的设计、施工和传统做法,以图文形式和典型工程实例介绍智能建筑设计与施工的方法,图集中介绍的方法既有传统的技术,又有目前正推广使用的新方法,内容全面新颖,通俗易懂,具有很强的实用性和可操作性,是广大智能建筑设计与施工人员必备的工具书。

本套图集每部分的编号由汉语拼音第一个字母组成,编号如下:

LK——楼宇自控系统;

XF——消防系统;

TM——通信、网络系统;

ZZ——小区智能化系统(住宅智能化系统);

ZB——综合布线系统;

AF——安全防护系统。

本图集服务于广大工程建设设计院的设计人员和广大建筑施工企业的主任工程师、技术队长、工长、施工员、班组长、质量检查员及操作工人。

中国建筑工业出版社

前 言

智能大厦(小区)的安全技术防范,是指利用现代科学技术,通过采用各种安全技术的器材设备,达到智能大厦(小区)防入侵、防盗、防破坏等目的,保护智能大厦(小区)人身及生命财产安全。一个完善的综合性多功能安全技术防范体系,应包括对大厦(小区)各个出入口的控制、周界的防范、住户单位的防范、对主要部位的监控、定时巡更及建立大厦(小区)保安中心等。要实现这些功能,就要配备相关的设备,本图集主要介绍了安全防范系统设备的构成及安装使用方法。

本图集以图为主,图文并茂,并附有系统及安装说明。图集共分6章,包括:闭路电视监控系统、防盗报警系统、门禁系统、对讲系统、巡更系统、停车场管理系统等。

6个技防系统共同构成智能大厦(小区)的安全技术防范体系。在系统功能实现中,应重视以下问题:

1. 系统集成

智能大厦(小区)的6个技防系统既相对独立,又相互联系、有机结合,共同构成综合安全防范体系。如闭路电视监控系统与防盗报警系统的联动问题、门禁系统与对讲系统的配合问题,各个系统的兼容问题、中心设备的统一问题等。

2. 系统的防破坏

技防系统防破坏功能非常重要。所有设备及管线安装应尽量隐蔽,并做好保护措施。

3. 系统的记录取证

技防系统一方面要发挥其防范作用,预防和打击各种违法犯罪行为,另一方面在案件发生时,要及时取证,为侦察破案提供线索。

4. 人防与技防

除了有先进的技防系统外,还必须有严格的管理和高素质的保安人员。只有通过人防与技防综合防范,才能确保智能大厦(小区)安全。

建设智能大厦(小区)的安全防范系统,必须因地制宜,遵循安全、实用、经济、美观的原则,并应遵守消防法规、国家及行业标准和技术规范的要求,将技防纳入大厦建设的总体规划,同时设计、同时施工、同时投入使用。在设备选型上,要以安全性、先进性、适用性为基础,同时考虑兼容性和开放性,方便用户使用。

本图集以国家及行业现行的标准及规范为依据,结合多年的工程及物业管理经验,参考了国内外大量资料编写而成。本图集适用于智能建筑的设计、施工安装及运行管理等广大技术人员使用。

本图集未注明时,尺寸单位为毫米。由于安防系统设备发展迅速,若有新的标准制定,请按照新的标准执行。

本图集由柳涌主编,李耀峰、张良通、沈翔宇、赵荣增副主编,梁智佳主审。参加编写工作的还有柳娟、邢迪、许亚兵、罗锐、周德荣、刘得辉、沈翔宇、谢平、董开珩、罗建忠、赵荣、王强华、马军英、许柏元、刘建春等。

目 录

1 闭路电视监控系统

安装说明

AF 1—1 智能建筑闭路电视监控系统
　　　　设计标准 ·················· 6
AF 1—2 闭路电视监控系统的组成形式 ········ 7
AF 1—3 闭路电视监控系统结构及
　　　　控制方式 ·················· 8
AF 1—4(一) 闭路电视系统的构成
　　　　(一) ····················· 9
AF 1—4(二) 闭路电视系统的构成
　　　　(二) ···················· 10
AF 1—5 数字闭路电视系统示例 ·········· 11
AF 1—6 闭路电视监控系统框图 ·········· 12
AF 1—7 模拟监控系统与数字监控系统
　　　　的比较 ··················· 13
AF 1—8(一) 闭路电视监控系统配置图(一) ···· 14
AF 1—8(二) 闭路电视监控系统配置图(二) ···· 15
AF 1—9(一) 住宅小区闭路电视监控系统方案
　　　　示例(一) ················· 16
AF 1—9(二) 住宅小区闭路电视监控系统方案
　　　　示例(二) ················· 17

AF 1—9(三) 住宅小区闭路电视监控系统方案
　　　　示例(三) ················· 18
AF 1—10 大厦闭路电视监控系统方案
　　　　示例 ···················· 19
AF 1—11 办公楼闭路电视监控系统
　　　　方案示例 ·················· 20
AF 1—12 商场闭路电视监控系统方案
　　　　示例 ···················· 21
AF 1—13(一) 银行闭路电视监控系统方案
　　　　示例(一) ················· 22
AF 1—13(二) 银行闭路电视监控系统方案
　　　　示例(二) ················· 23
AF 1—14 银行柜员闭路电视监控系统方案
　　　　示例 ···················· 24
AF 1—15(一) 邮电局闭路电视监控系统方案
　　　　示例(一) ················· 25
AF 1—15(二) 邮电局闭路电视监控系统方案
　　　　示例(二) ················· 26
AF 1—16(一) 电视中心闭路电视监控系统
　　　　方案示例(一) ··············· 27
AF 1—16(二) 电视中心闭路电视监控系统
　　　　方案示例(二) ··············· 28
AF 1—17 教学示范监控系统方案示例 ······ 29
AF 1—18 教学示范监控系统远传方案

	示例 …………………………………… 30		部件图 ………………………………… 47
AF 1—19	考场监控系统方案示例 …………… 31	AF 1—28	针孔摄像机的组成及部件图 ……… 48
AF 1—20(一)	交通闭路电视监控系统方案示例(一) …………………………… 32	AF 1—29	球形摄像机的组成 ………………… 49
AF 1—20(二)	交通闭路电视监控系统方案示例(二) …………………………… 33	AF 1—30	球形摄像机的规格尺寸 …………… 50
		AF 1—31(一)	摄像机镜头规格尺寸(一) ………… 51
		AF 1—31(二)	摄像机镜头规格尺寸(二) ………… 52
AF 1—20(三)	交通闭路电视监控系统方案示例(三) …………………………… 34	AF 1—32(一)	摄像机镜头的分类(一) …………… 53
		AF 1—32(二)	摄像机镜头的分类(二) …………… 54
AF 1—20(四)	交通闭路电视监控系统方案示例(四) …………………………… 35	AF 1—32(三)	摄像机镜头的分类(三) …………… 55
		AF 1—33	防护罩的结构形式 ………………… 56
AF 1—20(五)	交通闭路电视监控系统方案示例(五) …………………………… 36	AF 1—34	室外全天候防护罩安装方法 ……… 57
		AF 1—35	电动云台规格尺寸 ………………… 58
AF 1—20(六)	交通闭路电视监控系统方案示例(六) …………………………… 37	AF 1—36	云台的分类 ………………………… 59
		AF 1—37(一)	摄像机支架规格尺寸(一) ………… 60
AF 1—21(一)	电力行业闭路电视监控系统方案示例(一) ………………………… 38	AF 1—37(二)	摄像机支架规格尺寸(二) ………… 61
		AF 1—37(三)	摄像机支架规格尺寸(三) ………… 62
AF 1—21(二)	电力行业闭路电视监控系统方案示例(二) ………………………… 39	AF 1—37(四)	摄像机支架规格尺寸(四) ………… 63
		AF 1—38	防护罩在云台上安装方法 ………… 64
AF 1—21(三)	电力行业闭路电视监控系统方案示例(三) ………………………… 40	AF 1—39(一)	摄像机布置方法(一) ……………… 65
		AF 1—39(二)	摄像机布置方法(二) ……………… 66
AF 1—21(四)	电力行业闭路电视监控系统方案示例(四) ………………………… 41	AF 1—40(一)	室内摄像机安装方法(一) ………… 67
		AF 1—40(二)	室内摄像机安装方法(二) ………… 68
AF 1—22	闭路电视监控系统接入有线电视系统的方法 ……………………… 42	AF 1—40(三)	室内摄像机安装方法(三) ………… 69
		AF 1—40(四)	室内摄像机安装方法(四) ………… 70
AF 1—23	车载闭路电视监控系统方案示例 …………………………………… 43	AF 1—40(五)	室内摄像机安装方法(五) ………… 71
		AF 1—41	带棱镜镜头摄像机安装方法 ……… 72
AF 1—24	摄像机的结构及闭路电视监控系统控制的种类 ……………………… 44	AF 1—42	摄像机及监视器安装方法 ………… 73
		AF 1—43	电梯厢内摄像机安装方法 ………… 74
AF 1—25	CCD 摄像机的分类 ………………… 45	AF 1—44	楔形摄像机安装方法 ……………… 75
AF 1—26	固定式摄像机的组成及部件图 …… 46	AF 1—45(一)	室外摄像机安装方法(一) ………… 76
AF 1—27	带云台摄像机的组成及	AF 1—45(二)	室外摄像机安装方法(二) ………… 77

编号	名称	页码
AF 1—46(一)	半球形摄像机安装方法(一)	78
AF 1—46(二)	半球形摄像机安装方法(二)	79
AF 1—46(三)	半球形摄像机安装方法(三)	80
AF 1—47	球形摄像机结构图	81
AF 1—48(一)	球形摄像机安装方法(一)	82
AF 1—48(二)	球形摄像机安装方法(二)	83
AF 1—48(三)	球形摄像机安装方法(三)	84
AF 1—48(四)	球形摄像机安装方法(四)	85
AF 1—49	防暴球形摄像机安装方法	86
AF 1—50	交通管理摄像机安装方法	87
AF 1—51(一)	驾驶员专用监视器的安装方法(一)	88
AF 1—51(二)	驾驶员专用监视器的安装方法(二)	89
AF 1—52	监视器吊装支架图	90
AF 1—53(一)	闭路电视监控系统机房设备(一)	91
AF 1—53(二)	闭路电视监控系统机房设备(二)	92
AF 1—54	闭路电视监控系统机房设备安装方法	93
AF 1—55(一)	闭路电视监控系统监控室设备布置方法(一)	94
AF 1—55(二)	闭路电视监控系统监控室设备布置方法(二)	95
AF 1—56(一)	闭路电视监控系统控制台安装方法(一)	96
AF 1—56(二)	闭路电视监控系统控制台安装方法(二)	97
AF 1—57	闭路电视监控系统机架安装方法	98

2 防盗报警系统

安装说明

编号	名称	页码
AF 2—1	智能建筑防盗报警系统设计标准	103
AF 2—2	各种防盗报警器的工作特点	104
AF 2—3	自动门探测传感器的工作特点	105
AF 2—4	防盗报警系统示意图	106
AF 2—5	住宅小区保安及信息系统示意图	107
AF 2—6	住宅小区防盗报警系统图	108
AF 2—7	住宅小区周界防盗报警系统图	109
AF 2—8	住宅小区联网防盗报警系统图	110
AF 2—9	住宅小区联网防盗报警系统结构图	111
AF 2—10	住宅小区联网防盗报警系统示意图	112
AF 2—11	用户端防盗报警系统示意图	113
AF 2—12	博物馆、展览馆防盗报警及巡更系统方案示例	114
AF 2—13	微波探测器安装方法	115
AF 2—14	超声波探测器安装方法	116
AF 2—15	被动红外探测器探测模式	117
AF 2—16	被动红外探测器布置方法	118
AF 2—17(一)	被动红外探测器安装方法(一)	119
AF 2—17(二)	被动红外探测器安装方法(二)	120
AF 2—18(一)	双鉴探测器安装方法(一)	121

9

AF 2—18(二)	双鉴探测器安装方法(二)············ 122	AF 2—28(二)	防盗报警按钮安装方法(二)············ 143
AF 2—18(三)	双鉴探测器安装方法(三)············ 123	AF 2—29	防盗报警显示盘安装方法············ 144
AF 2—19(一)	主动红外探测器安装方法(一)············ 124		
AF 2—19(二)	主动红外探测器安装方法(二)············ 125		

3 门禁系统

安装说明

AF 2—19(三)	主动红外探测器安装方法(三)············ 126
AF 2—19(四)	主动红外探测器安装方法(四)············ 127
AF 2—19(五)	主动红外探测器安装方法(五)············ 128
AF 2—20	主动红外探测器的调整方法············ 129
AF 2—21(一)	玻璃破碎探测器安装方法(一)············ 130
AF 2—21(二)	玻璃破碎探测器安装方法(二)············ 131
AF 2—22	振动探测器安装方法············ 132
AF 2—23	泄漏电缆报警及平行线式报警器安装方法············ 133
AF 2—24	门磁开关工作原理············ 134
AF 2—25	门磁开关外形及报警系统示意图············ 135
AF 2—26	门磁开关规格及外形尺寸表············ 136
AF 2—27(一)	门磁开关安装方法(一)············ 137
AF 2—27(二)	门磁开关安装方法(二)············ 138
AF 2—27(三)	门磁开关安装方法(三)············ 139
AF 2—27(四)	门磁开关安装方法(四)············ 140
AF 2—27(五)	门磁开关安装方法(五)············ 141
AF 2—28(一)	防盗报警按钮安装方法(一)············ 142

AF 3—1	智能建筑门禁系统设计标准············ 150
AF 3—2	门禁系统结构············ 151
AF 3—3(一)	门禁系统组成示意图(一)············ 152
AF 3—3(二)	门禁系统组成示意图(二)············ 153
AF 3—3(三)	门禁系统组成示意图(三)············ 154
AF 3—4	密码门禁系统及安装方法············ 155
AF 3—5(一)	非接触式感应卡门禁系统(一)············ 156
AF 3—5(二)	非接触式感应卡门禁系统(二)············ 157
AF 3—5(三)	非接触式感应卡门禁系统(三)············ 158
AF 3—6(一)	感应卡加密码门禁系统(一)············ 159
AF 3—6(二)	感应卡加密码门禁系统(二)············ 160
AF 3—7	磁卡加密码门禁系统············ 161
AF 3—8(一)	指纹识别门禁系统(一)············ 162
AF 3—8(二)	指纹识别门禁系统(二)············ 163
AF 3—9	以太网通讯的门禁系统图············ 164
AF 3—10	小型办公室门禁系统示例············ 165
AF 3—11	大厦门禁系统示例············ 166
AF 3—12	别墅门禁系统示例············ 167
AF 3—13	独立型感应卡/密码门禁系统示例············ 168

AF 3—14	独立型指纹门禁系统示例 ………	169
AF 3—15	自助银行门禁系统示例 …………	170
AF 3—16	单门联网型门禁系统示例 ………	171
AF 3—17	多门联网型门禁系统示例 ………	172
AF 3—18	联网门禁考勤系统示例 …………	173
AF 3—19	读卡器安装位置示意图 …………	174
AF 3—20(一)	读卡器安装方法(一) …………	175
AF 3—20(二)	读卡器安装方法(二) …………	176
AF 3—21(一)	电磁门锁基本结构及安装位置图(一) ………………………	177
AF 3—21(二)	电磁门锁基本结构及安装位置图(二) ………………………	178
AF 3—22(一)	电磁门锁安装方法(一) ………	179
AF 3—22(二)	电磁门锁安装方法(二) ………	180
AF 3—22(三)	电磁门锁安装方法(三) ………	181
AF 3—22(四)	电磁门锁安装方法(四) ………	182
AF 3—23	电控门锁(阳极锁)安装方法 ……	183
AF 3—24(一)	直插式电控门锁(阳极锁)安装方法(一) ………………………	184
AF 3—24(二)	直插式电控门锁(阳极锁)安装方法(二) ………………………	185
AF 3—24(三)	直插式电控门锁(阳极锁)安装方法(三) ………………………	186
AF 3—25(一)	电控门锁(阴极锁)安装方法(一) ……………………………	187
AF 3—25(二)	电控门锁(阴极锁)安装方法(二) ……………………………	188
AF 3—25(三)	电控门锁(阴极锁)安装方法(三) ……………………………	189
AF 3—26	玻璃门门夹锁器安装方法 ………	190
AF 3—27	电控门锁安装方法 ………………	191
AF 3—28	出门控制锁基本结构 ……………	192
AF 3—29(一)	出门控制锁安装方法(一) ……	193
AF 3—29(二)	出门控制锁安装方法(二) ……	194
AF 3—30	自动门红外探测器安装方法 ……	195
AF 3—31	卷帘门红外反射型探测器安装方法 ……………………………	196

4 对讲系统

安装说明

AF 4—1	智能建筑对讲系统设计标准 ………	200
AF 4—2(一)	楼宇对讲系统示意图(一) …………	201
AF 4—2(二)	楼宇对讲系统示意图(二) …………	202
AF 4—3(一)	楼宇可视对讲系统示意图(一) ……	203
AF 4—3(二)	楼宇可视对讲系统示意图(二) ……	204
AF 4—3(三)	楼宇可视对讲系统示意图(三) ……	205
AF 4—4	小区多路报警和对讲系统图 ………	206
AF 4—5(一)	楼宇对讲系统对讲机安装方法(一) ………………………………	207
AF 4—5(二)	楼宇对讲系统的对讲机安装方法(二) ………………………………	208
AF 4—5(三)	楼宇对讲系统的对讲机安装方法(三) ………………………………	209
AF 4—6(一)	楼宇对讲系统室内可视对讲机安装方法(一) ………………………	210
AF 4—6(二)	楼宇对讲系统室内可视对讲机安装方法(二) ………………………	211
AF 4—7(一)	楼宇对讲系统大门对讲机安装方法(一) ………………………………	212
AF 4—7(二)	楼宇对讲系统大门对讲主机	

11

	安装方法（二） ……………… 213	AF 6—3(一) 感应卡停车场管理系统(一) ……… 238
AF 4—7(三)	楼宇对讲系统大门对讲主机	AF 6—3(二) 感应卡停车场管理系统(二) ……… 239
	安装方法（三） ……………… 214	AF 6—3(三) 感应卡停车场管理系统(三) ……… 240
AF 4—8	对讲电话安装方法 …………………… 215	AF 6—3(四) 感应卡停车场管理系统(四) ……… 241
		AF 6—4(一) 感应卡/出票停车场管理
		系统(一) …………………………… 242
		AF 6—4(二) 感应卡/出票停车场管理

5 巡更系统

安装说明

AF 5—1 智能建筑巡更系统设计标准 ……… 220	
AF 5—2 在线式巡更系统图 …………………… 221	
AF 5—3(一) 在线式巡更系统安装方法(一) …… 222	
AF 5—3(二) 在线式巡更系统安装方法(二) …… 223	
AF 5—4 离线式巡更系统图 …………………… 224	
AF 5—5(一) 电子巡更棒系统安装方法(一) …… 225	
AF 5—5(二) 电子巡更棒系统安装方法(二) …… 226	
AF 5—5(三) 电子巡更棒系统安装方法(三) …… 227	
AF 5—6 电子巡更笔系统安装方法 …………… 228	
AF 5—7(一) 摩士巡更管理系统安装方法	
（一） ……………………………… 229	
AF 5—7(二) 摩士巡更管理系统安装方法	
（二） ……………………………… 230	
AF 5—8 巡更钟系统安装方法 ………………… 231	
AF 5—9 双向无线便携式对讲机 …………… 232	

系统(二) …………………………… 243	
AF 6—4(三) 感应卡/出票停车场管理	
系统(三) …………………………… 244	
AF 6—5 停车场车位引导系统 ……………… 245	
AF 6—6 停车场收费管理系统流程示意图 …… 246	
AF 6—7 停车场管理系统设备布置示意图 …… 247	
AF 6—8 停车场管理系统设备布置图 ………… 248	
AF 6—9 标准停车场系统设备安装	
位置图(入口部分) ………………… 249	
AF 6—10 标准停车场系统设备安装	
位置图(出口部分) ………………… 250	
AF 6—11 标准停车场系统布线图	
(出入口分开) ……………………… 251	
AF 6—12 最小停车场系统出入口设备安装	
位置图(出入口一体) ……………… 252	
AF 6—13 最小停车场系统布线图	
(出入口一体) ……………………… 253	
AF 6—14 标准停车场系统出入口设备安装	
位置图(出入口一体) ……………… 254	
AF 6—15 标准停车场系统布线图	
(出入口一体) ……………………… 255	

6 停车场管理系统

安装说明

AF 6—1 智能建筑停车场管理系统设计标准 …… 236	
AF 6—2 停车场管理系统方案 ………………… 237	

AF 6—16(一) 时/月租停车管理系统进出
车辆流程图(一) …………………… 256

AF 6—16(二) 时/月租停车管理系统进出

	车辆流程图(二) ········· 257	附—1(四)	弱电系统常用图形(四) ······ 276
AF 6—17(一)	停车场进出车辆管理流程 示例(一) ··············· 258	附—2	智能建筑安全防范系统设计 标准 ······················ 277
AF 6—17(二)	停车场进出车辆管理流程 示例(二) ··············· 259	附—3	安全防范系统集成示意图 ······ 278
		附—4(一)	安全防范系统集成方案(一) ··· 279
AF 6—18	停车场管理系统设备布置图 ····· 260	附—4(二)	安全防范系统集成方案(二) ··· 280
AF 6—19	停车场管理系统管线布置图 ····· 261	附—4(三)	安全防范系统集成方案(三) ··· 281
AF 6—20	满位指示灯安装方法 ··········· 262	附—4(四)	安全防范系统集成方案(四) ··· 282
AF 6—21	读卡机安装方法 ··············· 263	附—5	住宅小区安全防范系统集成 方案 ······················ 283
AF 6—22	自动出票机的安装方法 ········· 264		
AF 6—23(一)	自动闸杆机的安装方法(一) ··· 265	附—6	智能大厦安全防范系统集成 方案 ······················ 284
AF 6—23(二)	自动闸杆机的安装方法(二) ··· 266		
AF 6—24(一)	感应线圈的安装方法(一) ····· 267	附—7(一)	常用弱电设计规范、标准 目录(一) ················· 285
AF 6—24(二)	感应线圈的安装方法(二) ····· 268		
AF 6—25	停车场计算机收费系统设备 布置图 ··················· 269	附—7(二)	常用弱电设计规范、标准 目录(二) ················· 286
		附—7(三)	常用弱电设计规范、标准 目录(三) ················· 287

附　　录

附—1(一)	弱电系统常用图形(一) ······ 273	附—8	常用弱电安装工程施工及验收规范、 弱电工程建设推荐性标准 ······ 288
附—1(二)	弱电系统常用图形(二) ······ 274		
附—1(三)	弱电系统常用图形(三) ······ 275	主要参考文献 ···························· 289

13

1 闭路电视监控系统

安 装 说 明

闭路电视监控系统的主要功能是辅助保安系统对于建筑物内的现场实时进行监视。它使保安人员在保安中心能观察到建筑物所有重要地点的情况,例如在出入口、主要通道、车场等地点安装摄像机,值班人员可以通过监视器随时了解这些重要场所的情况。

一、闭路电视系统设备

1. 摄像机部分

摄像部分一般安装在现场,它包括摄像机、镜头、防护罩、支架和云台等。它的作用是对监视区域进行摄像并将其转换成电信号。

(1)摄像机

摄像机的规格可分为1/3″、1/2″和2/3″等,安装方式有固定安装和带云台安装两种。摄像机分为彩色和黑白两种。

1)黑白摄像机

一般黑白摄像机要比彩色摄像机的灵敏度高,比较适合用于光线不足的地方,如果使用的目的只是监视景物的位置和移动,可采用黑白摄像机。

2)彩色摄像机

如果要分辨被摄像物体的细节,比如分辨衣服和景物的颜色,则采用彩色摄像机比较好。

(2)镜头

常用的镜头种类包括:手动/自动光圈定焦镜头和自动光圈变焦镜头两种。

1)定焦镜头

定焦镜头分为标准镜头和广角镜头两种。定焦镜头的适用范围如下:

(a)手动光圈镜头:主要适用于所需监视的环境照度变化不大的室内。

(b)自动光圈镜头:主要适用于所需监视的环境照度变化较大的室外。

(c)广角镜头:用于监视的角度较宽,距离较近。

(d)标准镜头:用于监视的角度和距离适中。

2)变焦镜头

变焦镜头分为10倍、6倍和2倍变焦镜头,另一种分法是手动变焦和电动变焦(电动光圈和自动光圈)两种。

变焦镜头在规则上可以划分为:1/3″、1/2″和1″等。选择变焦镜头的原则是镜头的规格不应小于摄像机的规格。

(3)防护罩

防护罩分为室内型和室外型两种。

1)室内型防护罩

室内防护罩主要是防尘,有的也有隐蔽作用,使监视场合和对象不易察觉受监视。

2)室外型防护罩

室外防护罩的功能有防晒、防雨、防尘、防冻和防凝露等作用。

(4)云台

云台是安装、固定摄像机的支撑设备,它分为固定和电动云台两种。

1)固定云台

固定云台适用于监视范围不大的情况,在固定云台上安装好摄像机后可调整摄像机水平和俯仰的角度,达到最好的工作姿态后只要锁定调整机构就可以了。

2)电动云台

电动云台适用于对大范围进行扫描监视,它可以扩大摄像机的监视范围。电动云台的转动是由两台电动机来实现,电动机接受来自控制器的信号精确地运行定位。在控制信号的作用下,云台上的摄像机既可自动扫描监视区域,也可在监控中心值班人员的操纵下跟踪监视对象。

2. 控制部分

闭路电视系统中控制台的操作一般都采用了计算机系统,以用户软件编程的全键盘方式来完成驱动云台、视频切换、报警处理、设备状态自检等工作。

3. 传输部分

传输系统包括视频信号和控制信号的传输。

视频信号的传输可用同轴电缆、光纤或双绞线。

4. 显示与记录部分

显示与记录设备安装在控制室内,主要有监视器、录像机和一些视频处理设备。

(1) 图像监视器

图像监视器主要分为黑白和彩色两大类。

(2) 录像机

录像机是闭路电视监视系统中的记录和重放装置,它要求可以记录的时间非常长,目前大部分监视系统专用的录像机都可以录制24h 的录像。此外,录像机还必须要有遥控功能,从而能够方便地对录像机进行远距离操作,或在闭路电视系统中用控制信号自动操作录像机。

(3) 视频切换器

在闭路电视监视系统中,摄像机数量与监视器数量的比例在2:1 到5:1 之间,为了用少量的监视器看多个摄像机,就需要用视频切换器按一定的时序把摄像机的视频信号分配给特定的监视器,这就是通常所说的视频矩阵。切换的方式可以按设定的时间间隔对一组摄像机信号逐个循环切换到某一台监视器的输入端上,也可以在接到某点报警信号后,长时间监视该区域的情况,即只显示一台摄像机信号。切换的控制一般要求和云台、镜头的控制同步,即切换到哪一路图像就控制哪一路的设备。

(4) 多画面分割器

在大型大厦的闭路电视监视系统中摄像机的数量多达数百个,但监视器的数量受机房面积的限制要远远小于摄像机的数量。而且监视器数量太多也不利于值班人员全面巡视。为了实现全景监视,即让所有的摄像机信号都能显示在监视器屏幕上,就需要用多画面分割器。这种设备能够把多路视频信号合成为一路输出,输入一台监视器,这样就可在屏幕上同时显示多个画面。分割方式常见的有4 画面、9 画面及16 画面。使用多画面分割器可在一台监视器上同时观看多路摄像机信号,而且它还可以用一台录像机同时录制多路视频信号。有些较好的多画面分割器还具有单路回放功能,即能选择同时录下的多路信号视频信号的任意一路在监视器上满屏回放。

(5) 视频分配器

可将一路视频信号转变成多路信号,输送到多个显示与控制设备。

二、数字压缩式监控系统

目前常用的传统型模拟式监控系统采用长延时录像机,录像图像质量差又不便于保留,损耗很大。先进的数字压缩式监控系统,最大的优点是光盘录像清晰度高,但缺点是不便于再次写入,且价格较高。所以模拟制仍然是目前使用得比较广泛的方式。

三、设备安装方法

1. 摄像机安装

1) 摄像机宜安装在监视目标附近不易受外界损伤的地方,安装位置不应影响现场设备运行和人员正常活动。安装的高度,室内宜距地面2.5~5m 或吊顶下0.2m 处;室外应距地面3.5~10m,并不得低于3.5m。

2) 摄像机需要隐蔽时,可设置在顶棚或墙壁内,镜头可采用针孔或棱镜镜头。对防盗用的系统,可装设附加的外部传感器与系统组合,进行联动报警。

3)电梯厢内的摄像机应安装在电梯厢顶部、电梯操作器的对角处,并应能监视电梯厢内全景。

4)摄像机安装前应按下列要求进行检查:将摄像机逐个通电进行检测和粗调,在摄像机处于正常工作状态后,方可安装;检查云台的水平、垂直转动角度,并根据设计要求定准云台转动起点方向;检查摄像机防护罩的雨刷动作;检查摄像机在防护罩内紧固情况;检查摄像机座与支架或云台的安装尺寸。

5)在搬动、架设摄像机过程中,不得打开镜头盖。

6)从摄像机引出的电缆宜留有1m的余量,不得影响摄像机的转动。摄像机的电缆和电源线均应固定,并不得用插头承受电缆的自重。

7)先对摄像机进行初步安装,经通电试看、细调,检查各项功能,观察监视区域的覆盖范围和图像质量,符合要求后方可固定。

8)解码器

解码器通常安装在现场摄像机附近,可安装在吊顶内,但要预留检修口,室外安装时要具有良好的密闭防水性能。

2. 控制室设备安装

(1)机架安装应符合下列规定:机架的底座应与地面固定;机架安装应竖直平稳,垂直偏差不得超过1‰;几个机架并排在一起,面板应在同一平面上并与基准线平行,前后偏差不得大于3mm;两个机架中间缝隙不得大于3mm。对于相互有一定间隔而排成一列的设备,其面板前后偏差不得大于5mm;机架内的设备、部件的安装,应在机架定位完毕并加固后进行,安装在机架内的设备应牢固、端正;机架上的固定螺丝、垫片和弹簧垫圈均应按要求紧固不得遗漏。

(2)控制台安装应符合下列规定:控制台位置应符合设计要求;控制台应安放竖直,台面水平,附件完整,无损伤,螺丝紧固,台面整洁无划痕;台内接插件和设备接触应可靠,安装应牢固;内部接线应符合设计要求,无扭曲脱落现象。

(3)监控室内,电缆的敷设应符合下列要求:采用地槽或墙槽时,电缆应从机架、控制台底部引入,线路应理直,按次序放入槽内;拐弯处应符合电缆曲率半径要求。线路离开机架和控制台时,应在距起弯点10mm处捆绑,根据线路的数量应每隔100~200mm捆绑一次。当为活动地板时,线路在地板下可灵活布放,并应理直,线路两端应留适度余量,并标示明显的永久性标记。

(4)监视器的安装应符合下列要求:监视器可装设在固定的机架或台上,监视器的安装位置应使屏幕不受外来光直射,当不可避免时,应加遮光罩遮挡;监视器的外部可调节部分,应暴露在便于操作的位置,并可加保护盖。

3. 线路敷设

电缆的敷设应符合下列要求:电缆的弯曲半径应大于电缆直径的15倍;电源线宜与信号线、控制线分开敷设;根据设计图上各段线路的长度来选配电缆。避免电缆接续,当必须中途接续时应采用专用接插件。

4. 供电与接地

(1)系统的供电电源应采用220V、50Hz的单相交流电源,并应配置专门的配电回路。当电压波动超出+5%~-10%范围时,应设稳压电源装置。稳压装置的标称功率不得小于系统使用功率的1.5倍。

(2)摄像机宜由监控室集中统一供电;远端摄像机也可就近供电,但必须设置专用电源开关、熔断器和稳压等保护装置。

(3)系统的接地,宜采用一点接地方式。接地母线应采用铜质线。接地线不得与强电的零线相接。

(4)系统采用专用接地装置时,其接地电阻不得大于4Ω;采用综合接地网时,其接地电阻不得大于1Ω。

甲 级 标 准	乙 级 标 准	丙 级 标 准
1. 应根据各类建筑物安全技术防范管理的需要，对建筑物内的主要公共活动场所、通道、电梯及重要部位和场所等进行视频探测的画面再现、图像的有效监视和记录。对重要部门和设施的特殊部位，应能进行长时间录像。应设置视频报警装置。 2. 系统的画面显示应能任意编程，能自动或手动切换，在画面上应有摄像机的编号、部位、地址和时间、日期显示。 3. 应自成网络，可独立运行。应能与入侵报警系统、出入口控制系统联动。当报警发生时，能自动对报警现场的图像和声音进行复核，能将现场图像自动切换到指定的监视器上显示并自动录像。 4. 应能与安全技术防范系统的中央监控室联网，实现中央监控室对闭路电视监控系统的集中管理和集中监控。	1. 应根据各类建筑物安全技术防范管理的需要，对建筑物内的主要公共活动场所、重要部位等进行视频探测的画面再现、图像的有效监视和记录。对重要部门和设施的特殊部位，应能进行长时间录像。系统应设置视频报警或其他报警装置。 2. 系统的画面显示应能任意编程，能自动或手动切换，在画面上应有摄像机的编号、地址、时间和日期显示。 3. 应自成网络，独立运行。应能与入侵报警系统、出入口控制系统联动。当报警发生时，能自动对报警现场的图像和声音进行复核，能将现场图像自动切换到指定的监视器上显示并自动录像。 4. 应能与安全技术防范系统的中央监控室联网，满足中央监控室对闭路电视监控系统的集中管理和控制的有关要求。	1. 应根据各类建筑物安全技术防范管理的需要，对建筑物内的主要公共活动场所、重要部位等进行视频探测的画面再现、图像的有效监视和记录。对重要或要害部门和设施的特殊部位，应能进行长时间录像。系统应设置报警装置。 2. 系统的画面显示应能任意编程，能自动或手动切换，在画面上应有摄像机的编号、地址、时间和日期显示。 3. 应能与入侵报警系统联动。当报警发生时，能自动对报警现场的图像和声音进行核实，能将现场图像自动切换到指定的监视器上显示并记录报警前后数幅图像。 4. 应能向管理中心提供决策所需的主要信息。

注：智能建筑中各智能化系统应根据使用功能、管理要求和建设投资等划分为甲、乙、丙三级（住宅除外），且各级均有可扩性、开放性和灵活性。智能建筑的等级按有关评定标准确定。

| 图名 | 智能建筑闭路电视监控系统设计标准 | 图号 | AF 1—1 |

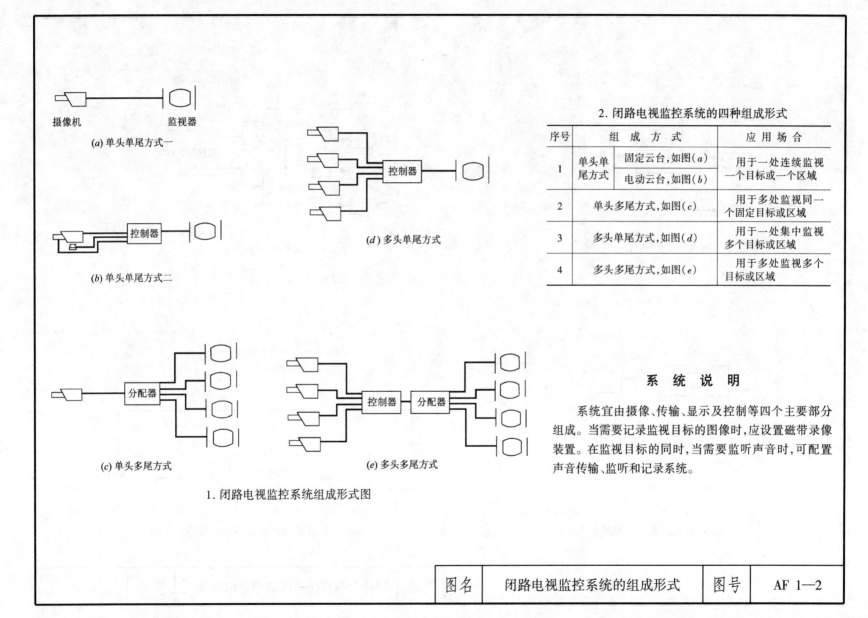

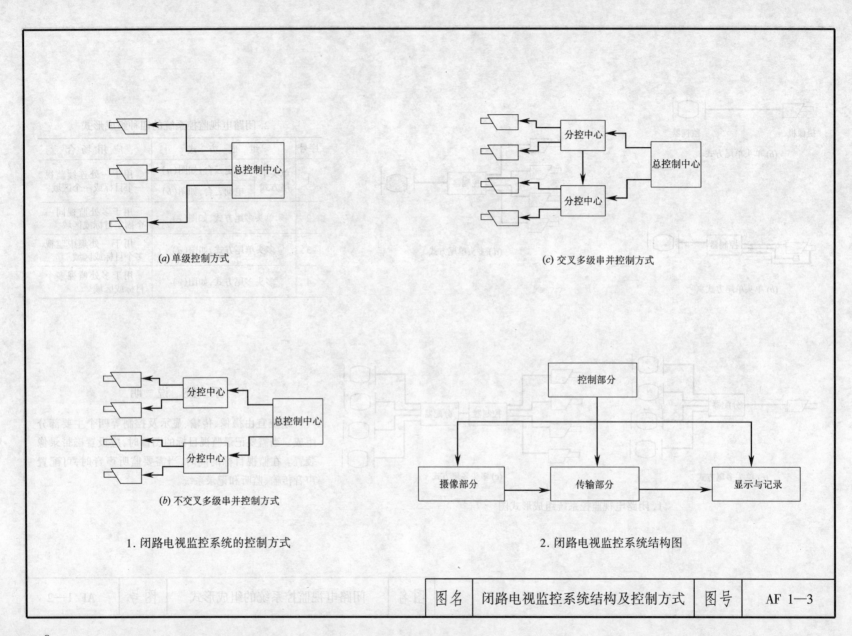

图(a)是最简单的系统,它是在只有数台摄像机,同时也不需要遥控的情况下,以手动操作视频切换器或自动顺序切换器来选择所需要的图像画面。

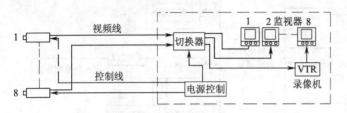

(a)简单监控系统

图(b)是在第一种形式的基础上加上简易摄像机遥控器,其遥控为直接控制方式。它的控制线数将随其控制功能的增加而增加,在摄像机离控制室距离较远时,不宜使用。

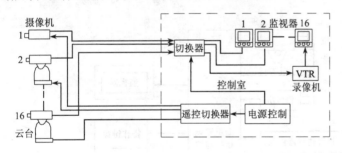

(b)直接控制系统

图(c)是具备了一般监视系统的基本功能,遥控部分采用间接控制方式,降低了对控制线的要求,增加了传输距离。但对大型控制系统不太适用,因为遥控越多,控制线要求也越多,距离较远时,控制也较困难。

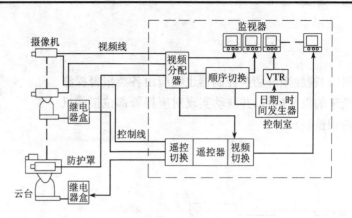

(c)间接遥控系统

图(d)是微机控制的矩阵切换方式,这种方式应用广泛。它可采用串行码传输控制信号,系统控制线只需两根。该方式便于实现大、中型监控系统。

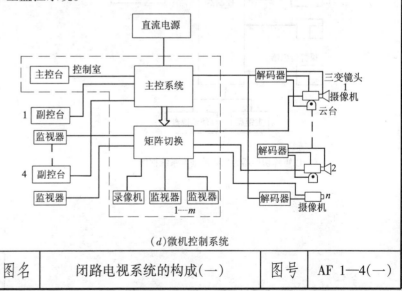

(d)微机控制系统

| 图名 | 闭路电视系统的构成(一) | 图号 | AF 1—4(一) |

图(e)视频矩阵切换控制器也响应由各类报警探测器发送来的报警信号,并联动实现对应报警部位摄像机图像的切换显示。

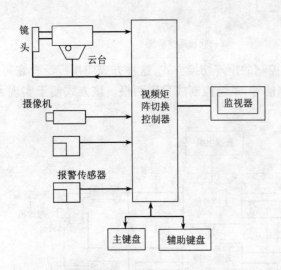

(e)以矩阵切换器为核心的基本系统框图

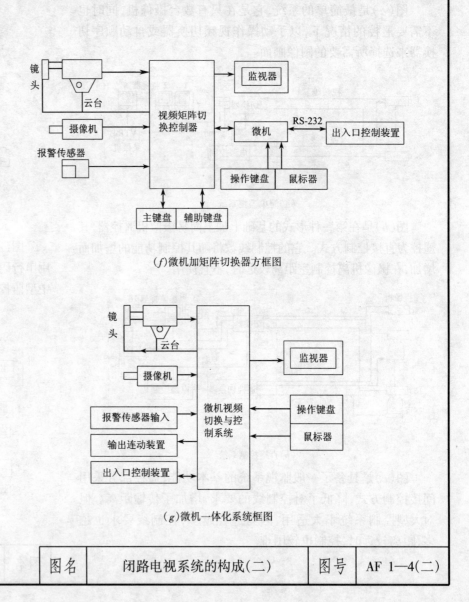

(f)微机加矩阵切换器方框图

(g)微机一体化系统框图

| 图名 | 闭路电视系统的构成(二) | 图号 | AF 1—4(二) |

安 装 说 明

1. 系统应时刻不间断地显示主要重点区域图像,以保证有效监控。
2. 系统应全实时录制重点区域图像,以便出现情况后能提供实时图像资料,利于分析细节情况。
3. 系统能有完整报警联动输入输出接口,可方便的与各种报警器材连接并联动,充分发挥安全防范作用。
4. 前端多个云台镜头的一体化控制,轻松实现楼宇全视角监控并录像。
5. 系统应操作简单、运行稳定、容易维护。
6. 系统应有极好的扩充性和独立性,对新建子系统应能很容易并入整个系统之中,当单个子系统出现故障时,不会影响整个系统的正常运行。
7. 系统应有多级安全保密、权限管理,保证系统及数据的安全。
8. 系统适应网络技术发展要求,全面实现网络传输、智能化管理。

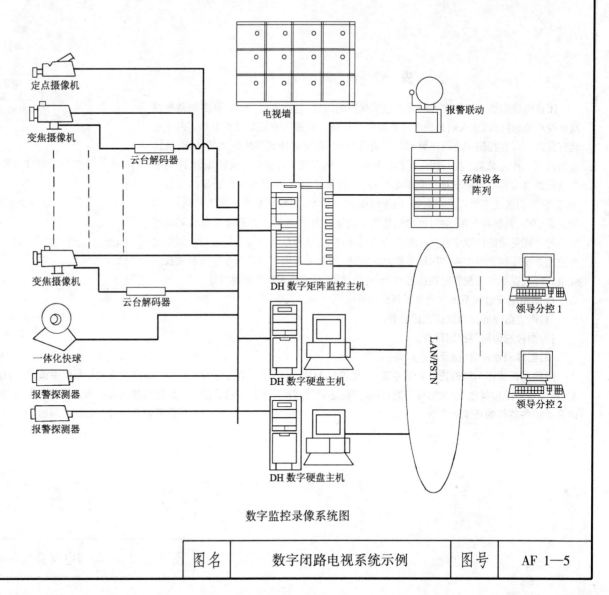

数字监控录像系统图

| 图名 | 数字闭路电视系统示例 | 图号 | AF 1—5 |

安装说明

闭路电视监控系统能在人们无法直接观察的场合，进行实时、形象、真实地监视控制被控对象，并已成为人们在现代化管理中监控的一种极为有效的观察工具。由于它具有只需一人在控制中心操作就可观察许多区域，甚至远距离区域的独特功能，被认为是保安工作之必须手段。因此闭路电视监控系统在现代建筑中起独特作用，闭路电视监控的含义并不局限于对一个商业中心、各类银行中心、职员及储存仓库的监督和管理，它的用途还相当广泛。例如：用于医院的监护室，同时观察若干病人的病情；用于交通中心，监测高速路、港口或地铁的交通流量以及用于学校，保障学生体育运动的安全等。在危险的环境中以及在光线昏暗的条件下，这种监视仍可正常进行。闭路电视监控系统能提供某些重要区域近距离的观察、监视和控制。系统符合国家有关技术规范。一般在系统应配置电视摄像机、电视监视器、录像机和画面处理器等。

1. 闭路电视监控系统主要由下列几部分组成
(1) 产生图像的摄像机或成像装置；
(2) 图像的传输与控制设备；
(3) 图像的处理、存储及显示设备。

闭路电视监控系统的技术要求主要是：摄像机的清晰度、系统的传输带宽、视频信号的信噪比、电视信号的制式、摄像机达到较高画质和操作的功能以及系统各器件的环境适应度。

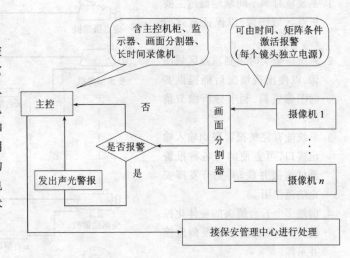

2. 系统功能

闭路电视监控系统由摄像、传输、显示、控制四部分组成，能通过十六画面分割技术在一台录像机上接近实时地录制多达 16 台摄像机图像，并可根据需要全屏、四画面、九画面、十六画面显示。

| 图名 | 闭路电视监控系统框图 | 图号 | AF1—6 |

比较内容	模 拟 监 控 系 统	数 字 监 控 系 统
系统主要设备构成	摄像设备、画面分割器、矩阵、解码器、电视墙、录像机、人工控制台	摄像设备、解码器、录像监控主机
操 作	需对多种设备进行操作,操作烦琐	Windows系列,Linex系列,中文版
管 理	必须有人值守	可实现无人值守
传 输	不能对外传输	可在网络上进行任何距离的传输
录像方式	单一机械连续录像方式	程序预先设置录像方式:定时录像、报警触发录像、图像移动报警录像
录像回放	录像在录像带上,时间长后会掉磁粉,回放清晰度和质量较差	处理为数字信号存储在硬盘里,长期存放质量不受任何影响
检 索	录像带从头顺序回放	可根据监控地点、时间快速搜录到所需图像信息
编辑处理	不能对图像进行修复、打印、编辑	可对每一帧画面进行各种处理,最大限度还原、打印
可 靠 性	低	高
稳 定 性	一般	好
录像时间	最多24h	2~3个月
维 护	每天必须更换录像带	3个月内不需更换
投资成本	首期投资一般,耗材、维护费用较高	首期投资较高,不需耗材
系统性	较差	强大

| 图名 | 模拟监控系统与数字监控系统的比较 | 图号 | AF1—7 |

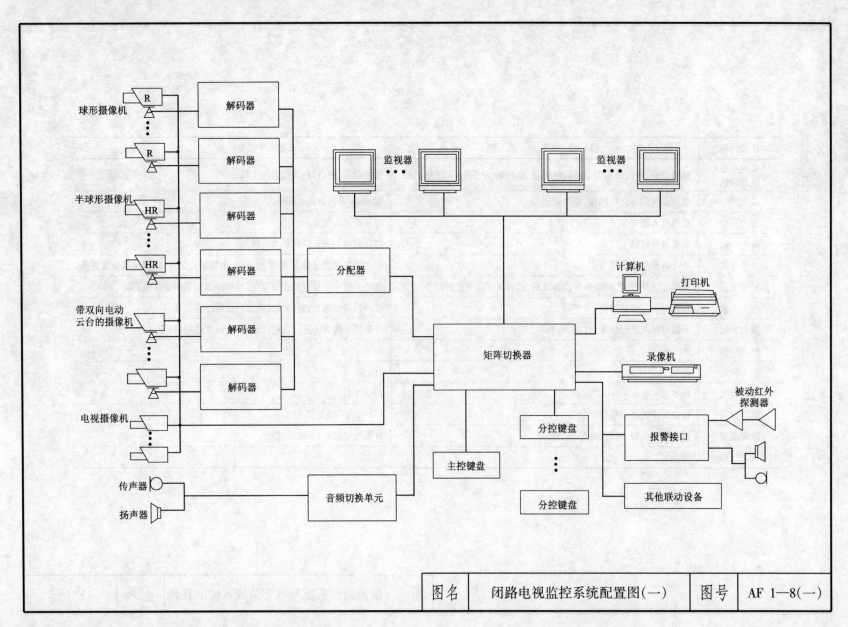

| 图名 | 闭路电视监控系统配置图(一) | 图号 | AF 1—8(一) |

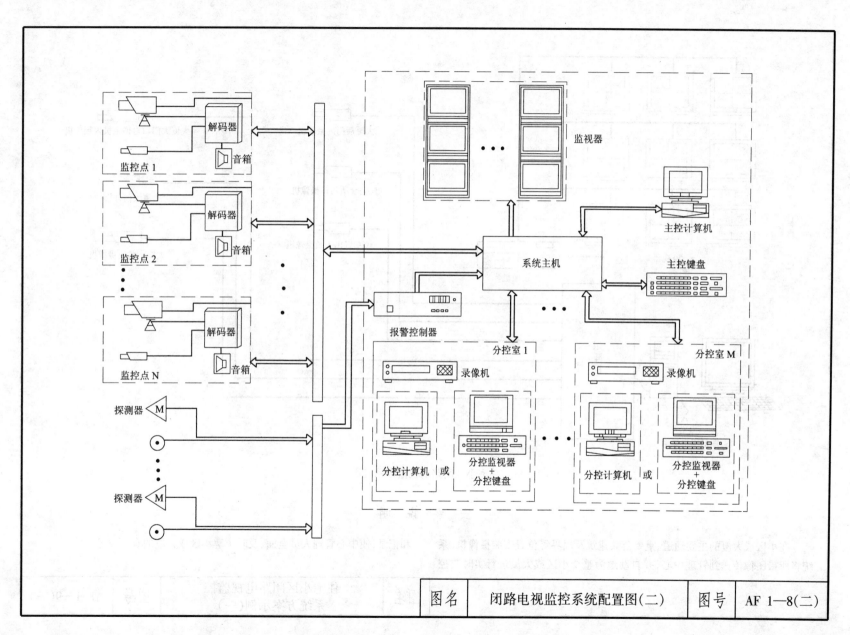

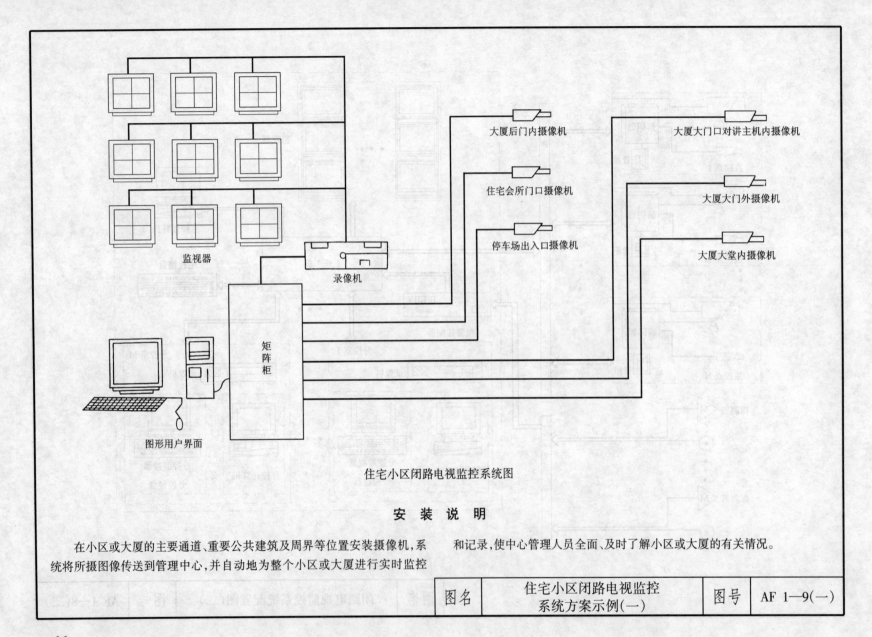

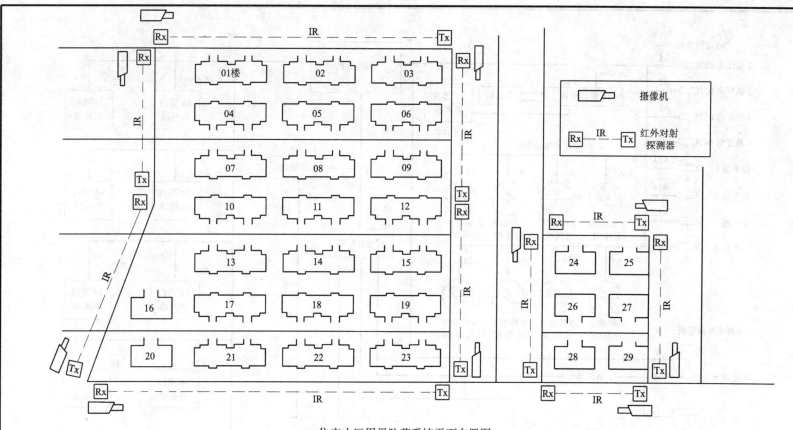

住宅小区周界防范系统平面布置图

安 装 说 明

在一些档次比较高的花园别墅区，一般都要求安装闭路电视监控系统。监控点可在大门口、停车场、主要街道等，在保安的控制室内，可以监视到整个别墅区。如发现有可疑人员出现，可以记录下来，并采取相应的防范措施。如在别墅区周围安装防入侵型探测器，一旦有不法人员入侵，将会立即发生报警，在控制室内可将画面直接调到主监视器上，进行实时录像，保安人员可立即赶赴案发现场进行处理。

图名	住宅小区闭路电视监控系统方案示例(二)	图号	AF 1—9(二)

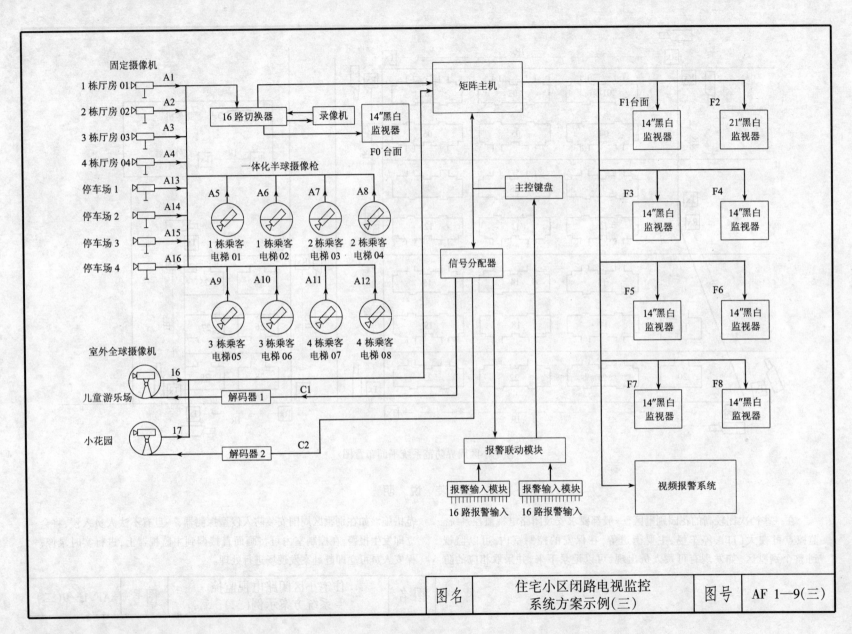

| 图名 | 住宅小区闭路电视监控系统方案示例(三) | 图号 | AF 1—9(三) |

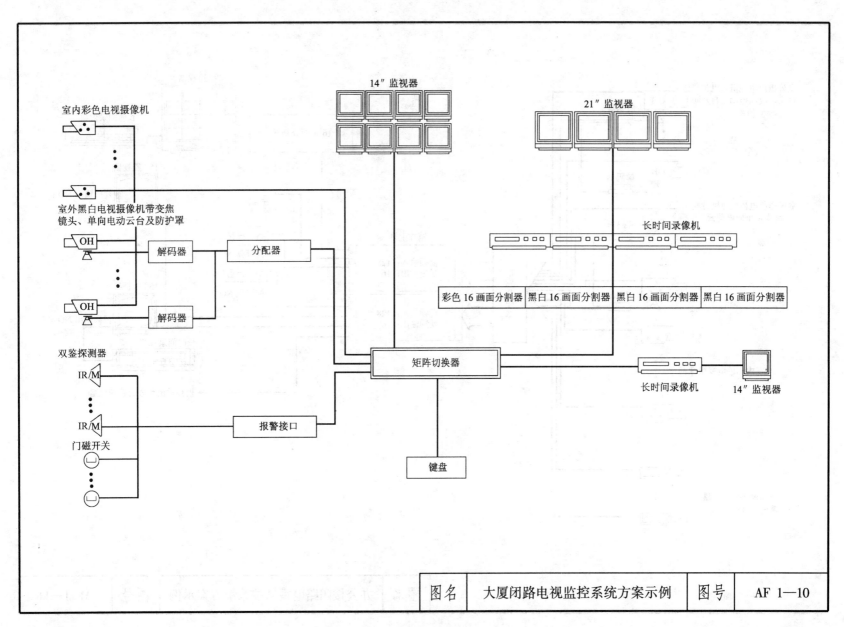

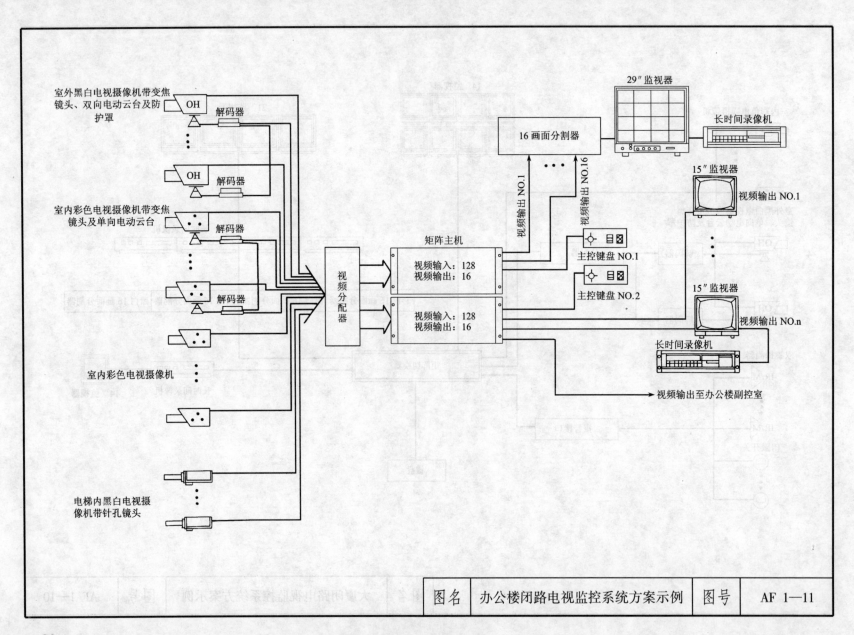

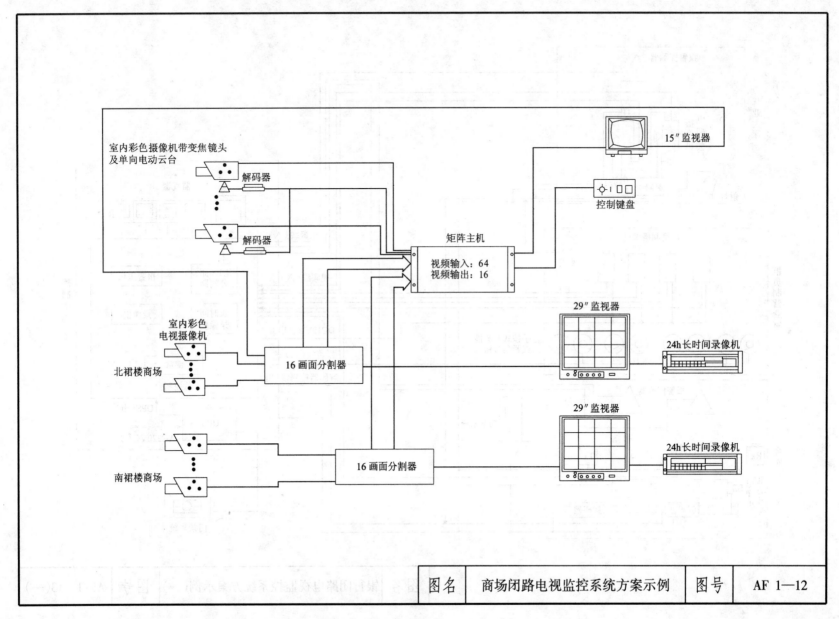

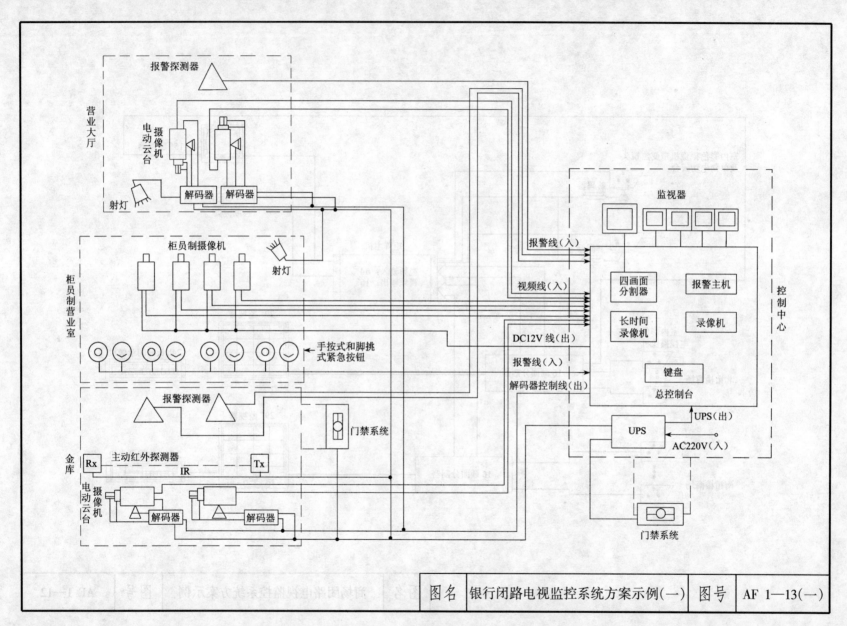

图名：银行闭路电视监控系统方案示例(一)　　图号：AF1—13(一)

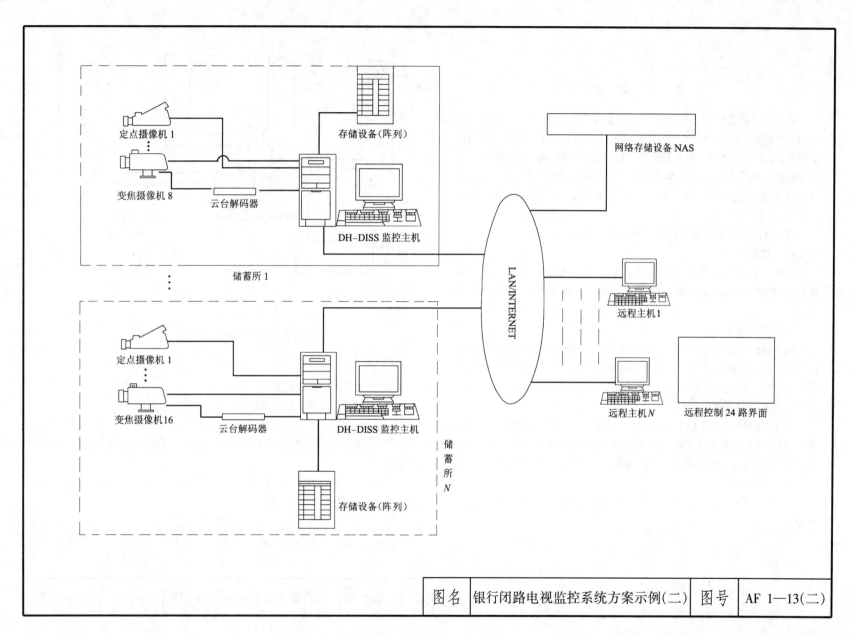

安 装 说 明

银行柜员制监控系统是根据银行营业所实行单收付柜员制而设计的,它有效地防止了传统的出纳、复核双柜员多环节带来的人员及时间上的浪费,提高工作效率。配合柜员制监控系统,可以将每一天的柜员收付操作情况以图像和声音方式即时记录下来,监视或放像时看清点钞动作及票面价值,不遗漏任何细节场景,一旦发生差错,可以通过重放录像进行查找、更正。

现以4路柜员制系统为例制定方案,特点如下:

1. 摄像单元

主要包括摄像机、镜头、防护罩及支架,安装在柜面的斜上方,能够摄取柜面、柜员并兼顾柜台外的储户,在监视器上能够分辨出钞票的颜色及面值。

2. 声音传感单元

高灵敏的声音感测器,可将现场声音接收下来,与摄像机的画面一起同步地传送到录像机去记录。由于银行业务要求唱收唱付,因而音与图像符合更进一步提高了差错复核的可靠性。

3. 录像及终端显示单元

将4路视频信号和4路音频信号经同轴电缆传输至4路视音频硬盘录像机,在彩色显示器上显示现场柜员收付情况;同时可将画面与声音同步记录,每日的柜员收付情况即时记录在硬盘上,并可保存30天,以供查询调用。

4. 扩充方案

在实际应用场合,银行柜员制监控系统还有多种选配的扩充方案,如在营业厅:

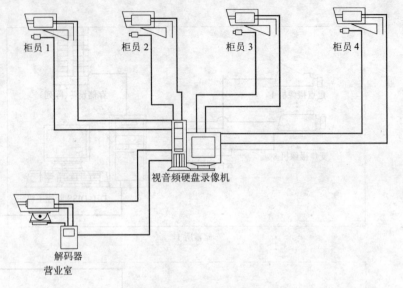

银行柜员制数字监控系统图

(1)增加全方位摄像机。
(2)增加紧急报警及联动功能等。

在选配方案中,可增加摄像机、电动可变焦镜头、室内全方位云台、中型防护罩、脚挑开关、紧急按钮开关及报警控制主机等;云台、镜头的控制可由硬盘录像主机实现。

随着摄像单元的增加,硬盘录像主机可选择扩容视音频硬盘录像机或增加保安型硬盘录像机的方式扩充。

| 图名 | 银行柜员闭路电视监控系统方案示例 | 图号 | AF 1—14 |

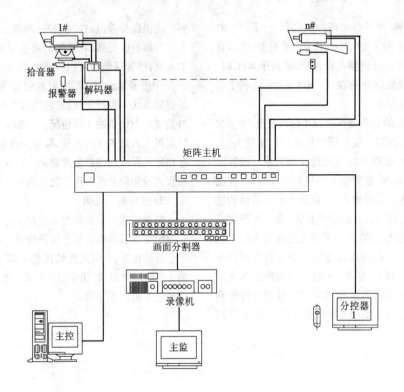

邮电局监控报警系统原理示意图

安 装 说 明

1. 摄像点设计

根据要求,在邮电局保安中心监控室设CCTV中央控制台一个,在局长室设一台分控。在监控系统前端中共设摄像机 N 台、监听点 N 个、报警点 N 个。

具体位置分布如下:

邮电局院落内设摄像机1台,同时加装变焦镜头、室外全方位云台、室外全天候防护罩。彩色摄像机具有自动电子快门、逆光补偿、自动平衡等功能。电动变焦镜头可以通过焦距的变化监控方圆近百米的人及车辆的活动;

图名	邮电局闭路电视监控系统方案示例(一)	图号	AF 1—15(一)

室外云台具有防雨、防尘、抗低温等功能,并可带动摄像机进行上、下、左、右全方位旋转,旋转范围水平350°,垂直±60°;室外防护罩为全密封型,带有自动温控系统,当温度低于5℃时,自动打开升温器电源;当温度高于40℃时,自动打开风扇电源,使防护罩内的温度始终保持在5~40℃之间,以有利于摄像机与变焦镜头的正常工作,延长使用寿命。

在营业大厅设1台带固定焦距镜头的彩色摄像机及1台可变焦、全方位旋转的彩色半球型摄像机,N个报警探测器。定焦摄像机采用广角镜头,可以纵观全局;全方位型摄像机可以将有疑惑的场景拉近仔细观察。报警探测器在下班后可以探测到非法入侵行为,将报警信号传送到主控制室,控制室内的警号啸叫提醒值班人员,并可显示报警地点,使值班人员以最快的速度通知保安员赶到报警点;同时矩阵主控机打开报警点灯光、联动报警用录像机对报警点图像进行即时录像。营业柜安装N台带固定焦距镜头的彩色摄像机,N个紧急报警器,N个拾音器;可以清晰地监控工作人员与客户发生业务时的操作过程,钱币的币种,客户的容貌等;同时可以听清工作人员与客户之间的谈话;在遇到暴力抢劫时通过紧急报警器把报警信号传送到主控制室,联动报警后的各种动作。金库安装1台带固定焦距镜头的高解析度黑白摄像机,1个报警探测器。黑白摄像机同彩色摄像机的不同之处在于其解析度更高,对光线的要求更低,图像更清晰,可即时监视出入金库的人员,报警探测器可以探测非法入侵行为。在包裹房安装1台彩色摄像机,1个报警探测器。即时监视包裹房内的人员工作情况,下班后报警器自动探测非法入侵行为,以防包裹的丢失。电力机房安装1台彩色摄像机,即时监视电力设备的工作情况。财务室1台彩色摄像机,1个报警探测器。即时监视出入财务室的人员,报警探测器可以探测非法入侵行为,以防丢失财务档案及保险柜内的重要物品。程式控制机房安装1台彩色摄像机,即时监视程式控制设备的工作情况及出入人员,避免无关人员的随意出入。

2. 报警系统说明:

根据要求在重点防范部位营业厅、金库等处安装微波双鉴报警探测器,营业柜下安装隐蔽式紧急报警按钮。双鉴报警探头通过报警控制器与控制中心直接相连,一但发生情况会立即发出警报,并打开灯光,录像机自动变为3小时即时录像,切换矩阵自动切换到相应设置的摄像机。这一系列工作都通过主机自动完成。

图名	邮电局闭路电视监控系统方案示例(二)	图号	AF 1—15(二)

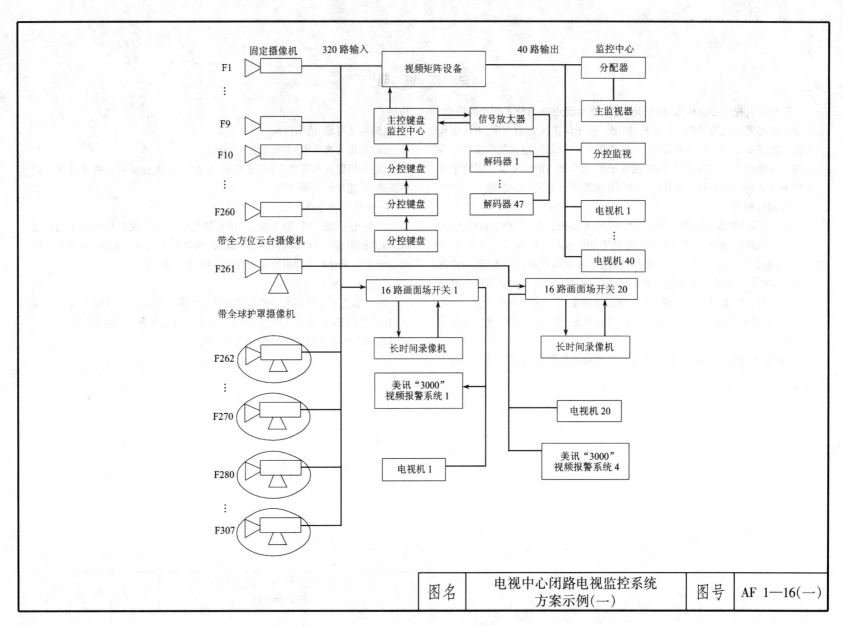

安 装 说 明

针对某电视中心面积大、楼层高、要求技术起点高和技术领先的特点，本设计采用模块化集成的设计方式，提出一揽子解决问题的方案，不仅仅作为独立的保安、防盗、监控的系统，而且作为一个信息化建设的组成部分留有其他系统的接口，本系统所采用的各子系统均为当前保安监控报警中所使用的最新先进技术和产品并经过时间证明其为可靠安全的系统。

1. 设计概要

(1) 选用的摄像机防护罩均采用球型，便于隐蔽，减少用户心理压力，大方美观。为降低造价，外围入口仍用传统型防护罩配套使用。

(2) 为了防止保安人员疏于监控，特别增加视频捕捉报警系统，一旦有人进入监控画面立即动态捕捉，硬盘存贮，启动报警，便于提醒值班人员观察查证。所有摄像机均录入同一长时间录像机中，并可单画面回放。

(3) 采用矩阵切换主机，功能强大，界面友好，开放式标准，便于升级和二次开发。

(4) 强大的软件处理功能，具备动态图像捕捉报警、数字录音报警、管理功能。

(5) 质量可靠、清晰度高。

(6) 现场切换录像、多画面分割、分组。

(7) 可控切换和巡游、报警关联互动、信号丢失检测等。所有摄像机均可录像，并能单画面回放。

2. 矩阵主机系统

可通过电脑操作控制主机，通过预置实施自动监视目标和指定输出录像。320路摄像头24小时长期全部录像，可单幅回放某一画面，并可十六画面组合显示观看和视频报警用。分组切换，任意调用。

3. 监控系统具体布置

按要求整个大楼共有307台摄像机，全部采用彩色。根据大楼分布情况，在楼大门、楼顶设置12个室外球形全方位可控摄像机，室内设置35个可控球形全方位摄像机，260个为固定摄像机。

| 图名 | 电视中心闭路电视监控系统方案示例(二) | 图号 | AF1—16(二) |

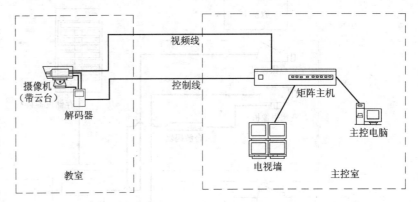

安装说明

教学评估监控系统是现代电化教学和管理必不可少的环节,提高教学质量、增强学生吸收能力、减轻教师负担、加强教学管理、增强学校凝聚力,真正了实现现代电化教学和管理。

系统规划和功能:

各教室安装一台彩色摄像机,420TV线中心解析度,具有自动白平衡、逆光补偿和自动电子快门调节功能,内置监听麦克等。

配备镜头为电动三可变镜头,可进行变焦、聚焦和光圈调节。变焦可将画面拉近推远,改变视角和成像大小;调节聚焦和光圈,可调整图像清晰度。可将教室内老师或某一学生的大头像清晰即时定格于整个萤幕,亦可推至全班情形图像。室内云台为全方位云台,可带动摄像机上、下、左、右、左上、左下、右上、右下全方位扫描。

所用解码器为智能解码驱动器,接到主控机发出的资讯命令后,驱动相应摄像机、电动三可变镜头、室内云台等完成各种动作。

考虑到系统扩展与升级的冗馀性,采用的视音频矩阵切换机,视频输入的路数应大于实际所需要的路数,同时带有 RS-232 和 RS-485 通讯介面,可任意接驳键盘主控机、键盘分控机、多媒体主控机、多媒体分控机。

系统的主控机可为多媒体电脑,考虑到多系统统一控制管理,该多媒体配置较高,且各应用程式与设置相容不冲突。

通过系统主控机或分控机的简便操作,都可控制任意指定班级云台的上下左右旋转,可观察到该班级的各个角落。还可控制镜头的变焦、聚焦和光圈可分别实现画面的拉近拉远和清晰度调整,使老师或学生的各种动作细节、板书或实验等一清二楚。

本系统和电视网路系统结合,可实现现场转播和直播,可把任一班级的情况直接播放给其他任何班级。

本系统和电视网路系统与广播网路系统结合,可实现控制室和各教室的单向或双向可视对讲。

本系统和节目制作系统结合,可随时可各班级情况、会议情况、联欢会等录像存储、光碟刻录等,以备以后重放用来观察、学习、论证、纪念回忆等,如上级领导观摩、邀请特级教师讲课、成功实验等。

| 图名 | 教学示范监控系统方案示例 | 图号 | AF 1—17 |

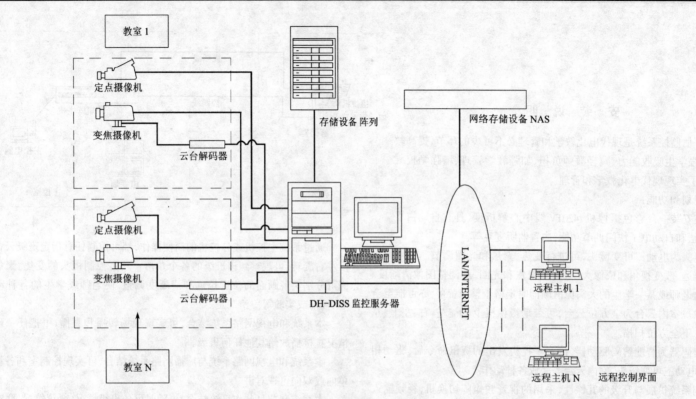

监控方案网络拓扑图

安 装 说 明

为了推广优秀教师的先进教学经验,或者考察教师的教学水平,学校经常需要安排进行教学示范课。但是,传统的教学示范是把听课人安排在授课进行的教室里,不仅限制了听课的人数,还对正常的授课造成影响。传统的教学示范也只能在本地进行,对于外地观摩的教师造成了不便。

利用数字监控服务器,可以对教学示范课进行直播,还可以录像;听教学示范课的人员不需要进入授课现场就可以看到教学示范的实况。通过使用数字监控服务器的网络点播功能,外地观摩的教师可以方便的通过网络查看整个教学示范课的情况;同时还可以将教学示范课的录像在专用存储设备中对其进行集中存储,方便随时检索调看。或制成光盘永久保存,便于以后使用。

| 图名 | 教学示范监控系统远传方案示例 | 图号 | AF 1—18 |

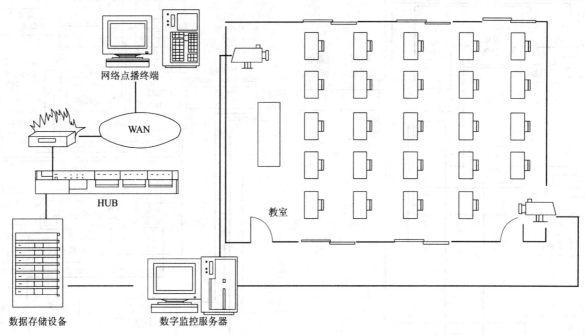

教育监控之考场监控示意图

安 装 说 明

利用数字监控服务器,可以对考场的多个教室进行有效的监控,并进行实时录像;通过使用云台,可以方便的查看整个考场的情况。由于系统采用数字化音、视频技术,比起传统电视监控系统拥有更好的稳定性和图像质量,也有更大的存储空间,能方便的将考场情况的资料制成光盘永久保存。其实时监控画面可同时经过各种传输介质进行远距离传输,教育管理人员在异地也可监看。

| 图名 | 考场监控系统方案示例 | 图号 | AF1—19 |

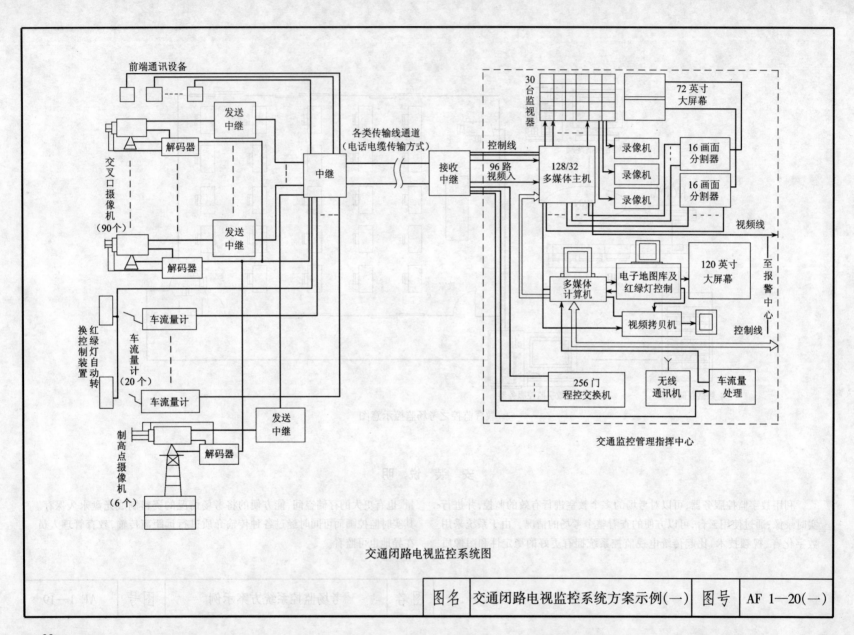
交通闭路电视监控系统图

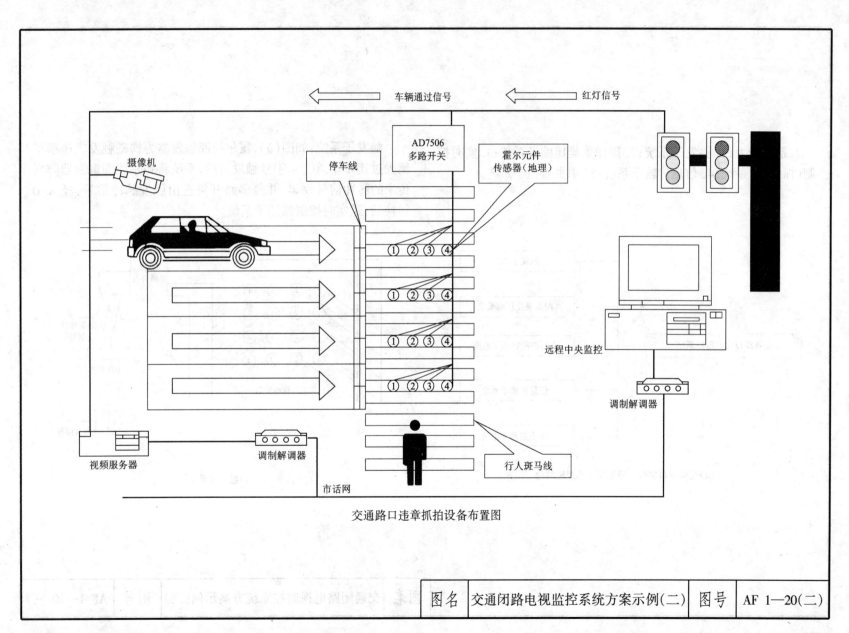

系统分为:1.触发子系统;2.图像采集压缩子系统;3.实时控制(抓拍)子系统;4.信息传输子系统;5.中央监控子系统。

触发子系统:如图(b),霍尔线圈触发器为铁磁触发。违章车辆驶过违章车道①~④号触发器后,系统将霍尔线圈触发器阵列传来的脉冲信号收集,并经多路开关选出触发脉冲信号,经 A/D 转换后,送实时控制抓拍子系统。

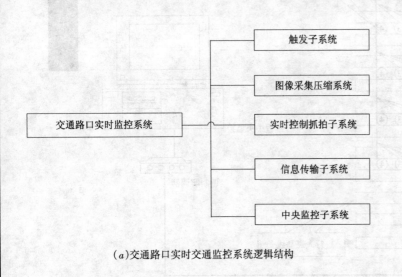

(a)交通路口实时交通监控系统逻辑结构

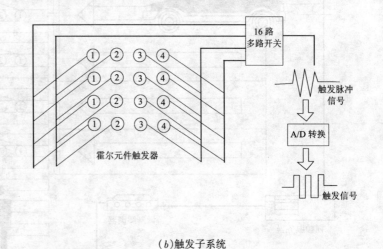

(b)触发子系统

| 图名 | 交通闭路电视监控系统方案示例(三) | 图号 | AF 1—20(三) |

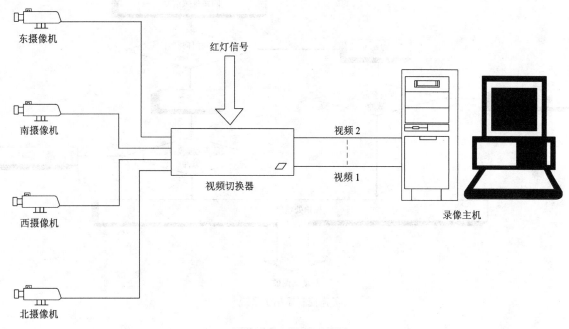

图像采集压缩子系统图

安 装 说 明

图像采集压缩子系统

本系统由视频摄像机、视频切换器以及采集压缩单元组成。路口四个方向架设的四个摄像机根据红灯亮起时刻视频切换器切换到采集单元。所以,只要红灯亮时,总有直线车道上两路视频信号被切换到采集压缩单元。采集压缩单元将两路视频模拟信号实时压缩为 E-MPEG 格式,等待触发子系统发来触发信号,再进行控制抓拍。

| 图名 | 交通闭路电视监控系统方案示例(四) | 图号 | AF 1—20(四) |

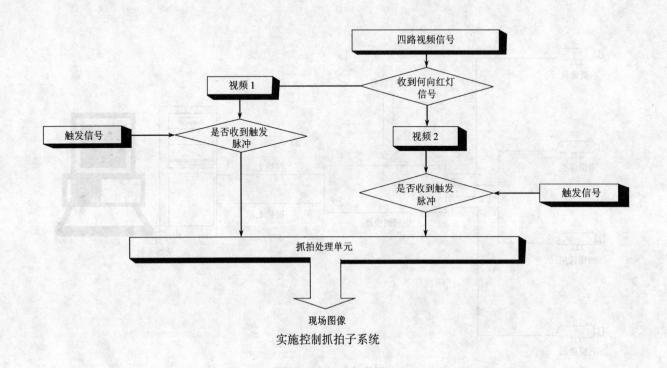

实施控制抓拍子系统

安 装 说 明

1. 实时控制抓拍子系统

是路口现场处理的核心设备。该子系统利用触发子系统传来的触发信号,即时控制视频切换器和采集压缩卡送来的图像保存一个压缩包。该图像就是违章车辆的现场照片。

2. 信息传输子系统

负责在采集到图像压缩包后,自动通过调制解调器拨号,与中央监控子系统建立连接,并将图像数据传回指挥中心。之后,挂断拨号连接。

另外,云台控制、路口视频服务器远程重启等的控制原理,都是由软件控制功率驱动单元,从而实现控制。

| 图名 | 交通闭路电视监控系统方案示例(五) | 图号 | AF 1—20(五) |

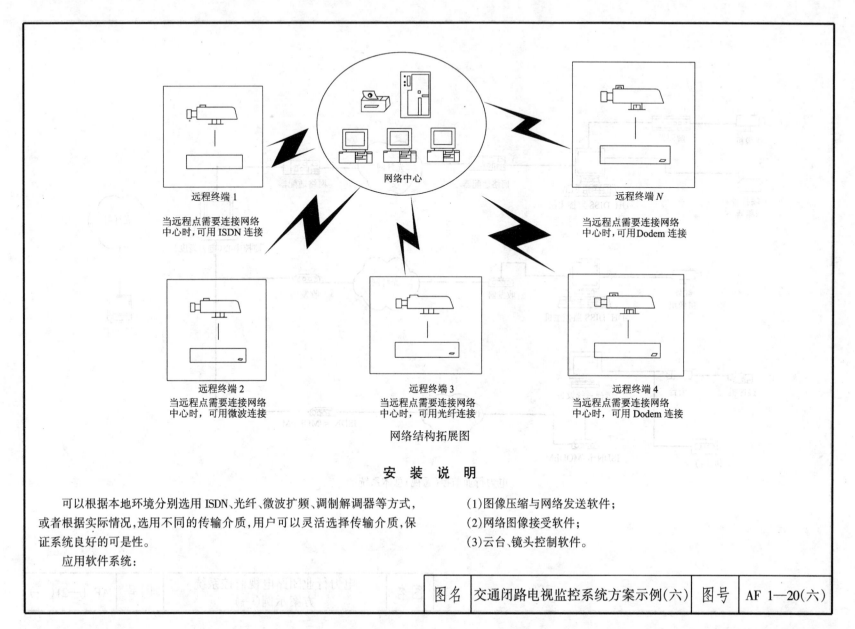

网络结构拓展图

安 装 说 明

可以根据本地环境分别选用 ISDN、光纤、微波扩频、调制解调器等方式，或者根据实际情况，选用不同的传输介质，用户可以灵活选择传输介质，保证系统良好的可是性。

应用软件系统：

(1)图像压缩与网络发送软件；
(2)网络图像接受软件；
(3)云台、镜头控制软件。

| 图名 | 交通闭路电视监控系统方案示例(六) | 图号 | AF1—20(六) |

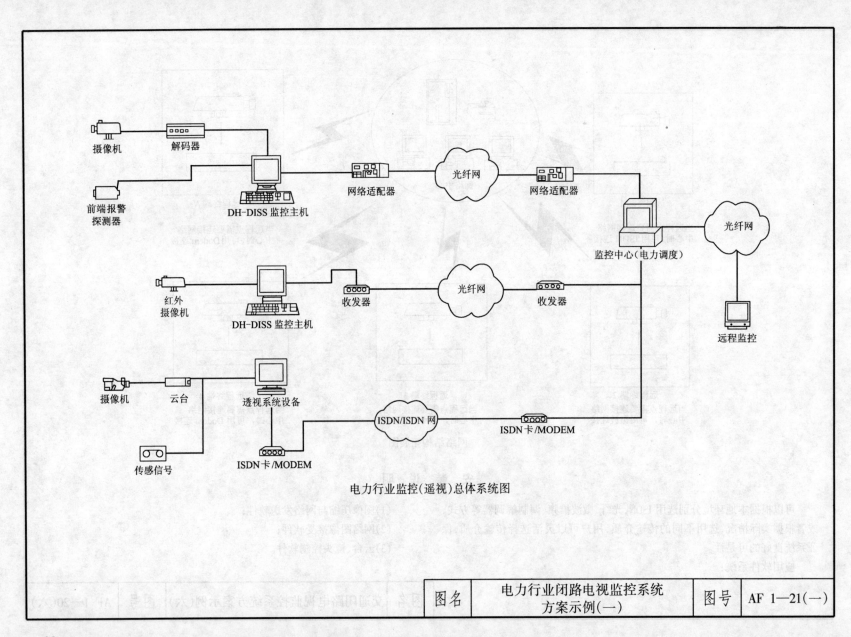

电力行业监控(遥视)总体系统图

安 装 说 明

1. 变电所前端设备
(1)前端设备由前端监控机、摄像机及防护罩、云台及云台控制器、I/O接口等组成。
(2)前端控制机可以是数字监控主机或网络视频服务器两种产品。

2. 实现功能
(1)完成对前端变压器、配电柜、高压开关等电气设备及变电所环境监视。
(2)接受监控中心的远程连接,向监控中心发送视频信号和遥测信息。
(3)现场维修人员进入变电所后按下连接按钮,监控中心操作员即可同现场人员进行在线联系,登录维修人员信息和指导维修人员操作。
(4) I/O触点触发报警或传感器发出报警信号后,前端设备主动向监控中心连接,向中心发送视频信号和状态信息。启动数字录像机保存报警时的信息。
(5)云台控制,可以远程控制云台的转动,获得最佳监视角度。
(6)灯光控制,用于现场光线不足时开启射灯。

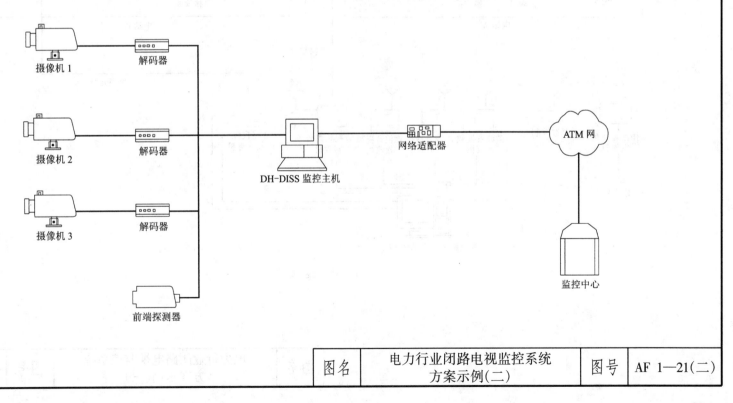

| 图名 | 电力行业闭路电视监控系统方案示例(二) | 图号 | AF1—21(二) |

39

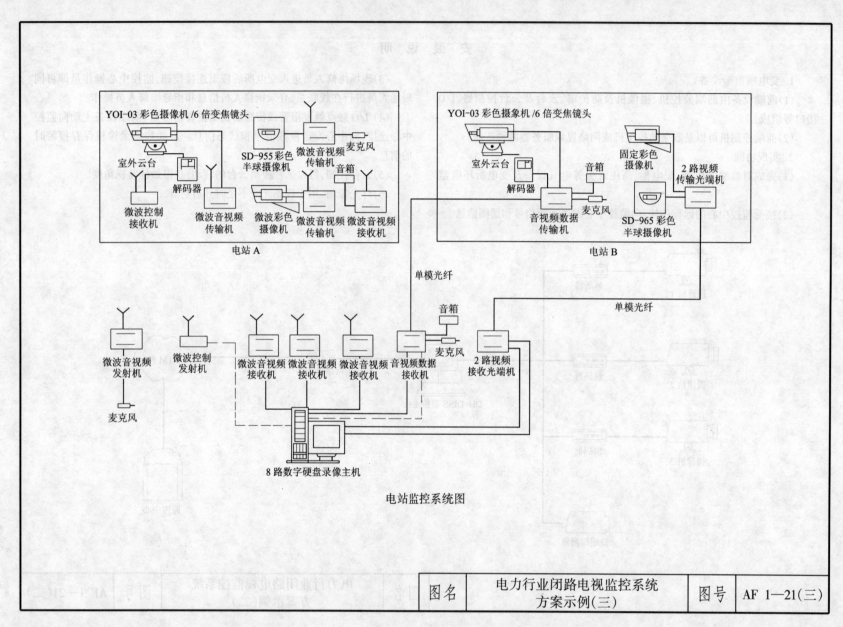

安 装 说 明

远端监控系统为电力系统提供了新的解决方案。

利用先进的电视监控保安设备,可有效的加强对无人职守变电站的管理,直观及时地反映重要地点的现场情况,增强安全保障措施,如实地显示和记录各个场所现场图像资料,是电力系统现代化管理的有力工具。

本系统包括A、B两个无人职守变电站和一处中心控制室,实现中控室对A、B两个电站的视频监控和音频对讲功能。每个电站内各设置2个室内固定彩色摄像机、1台室外全方位彩色摄像机,并在中控室和每个电站安装对讲系统一套。由于A、B两站与中心控制室距离都在5km以上,拟在A站采用微波方式传送音视频信号和控制信号,实现在中心控制室对A站监视点的即时图像显示、云台镜头的控制和对讲功能;拟在B站利用现有光缆,配合光端机传送音视频信号和控制信号,实现在中心控制室对B站监视点的即时图像显示、云台镜头的控制和对讲功能。中心控制室内设置1台8路数位硬盘录像控制主机,实现对A、B两站监控画面的显示、记录、云台镜头控制及网路分控等功能;另安装对讲机1台,实现中控室和各站之间的对讲功能。

本系统保证各级声音图像信号清晰逼真,满意的画面处理质量;保证设备质量、系统稳定、控制可靠,可昼夜持续工作,并具有操作方便、易学易用的特点;为用户提供各种监视和控制功能;系统具有一定的扩展冗余,可随时扩展和升级;在保证以上几项前提下,精心选型,科学配置,降低造价。

| 图名 | 电力行业闭路电视监控系统方案示例(四) | 图号 | AF 1—21(四) |

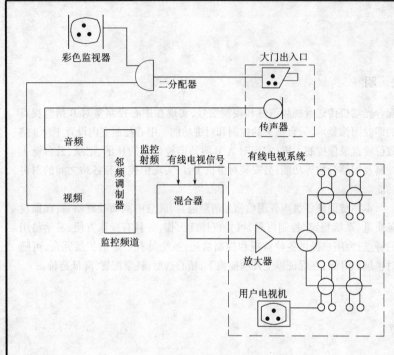

(a)大门摄像机接入有线电视系统方法

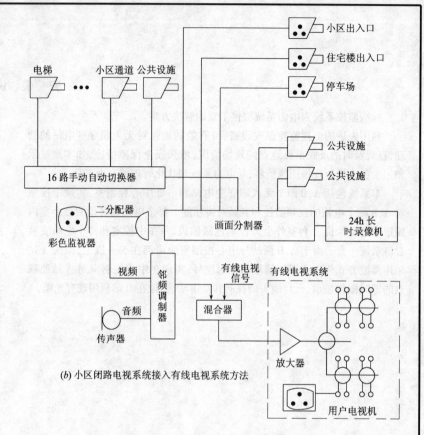

(b)小区闭路电视系统接入有线电视系统方法

安 装 说 明

1. 邻频调制器输出的监控射频频道必须选择与有线电视信号各频道均不同频的某一频道,其输出电平必须与有线电视信号电平基本一致,以免发生同频干扰或相互交调。

2. 图(a)为住宅大厦对讲系统(大门口对讲机安装有摄像机,用户安装为非可视对讲机)接入有线电视系统安装方法。来客可通过大门对讲机呼叫住户,住户用非可视对讲机与来客对话,同时可打开电视机设定的频道观察来客。确认身份后,开锁请来客进入。

3. 图(b)方案是利用小区的闭路电视监控系统与有线电视系统联网,住户在家中可利用电视机观察小区内设置的监视点情况。

| 图名 | 闭路电视监控系统接入有线电视系统的方法 | 图号 | AF1—22 |

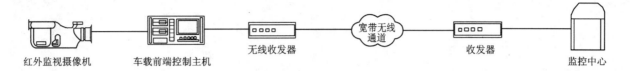

(a)车载红外摄像监视前端设备

安 装 说 明

1. 车载红外摄像监视前端设备
(1)车载前端设备由前端监控机、红外摄像机等组成。
(2)车载前端控制机由监控设备组成。
(3)宽带无线网络设备利用GPS系统中的相关设备。
2. 系统功能
(1)完成对现场设备的监视功能。
(2)通过红外摄像机摄录的图像信息向监控中心发送。
(3)现场人员可同监控中心操作员在线联系,指导维修人员操作。
3. 监控中心
(1)控制中心包含监控中心主机、接入设备、视频信息发布设备等。
(2)控制中心包含两台主机,一台用于变电所监控用,一台用于车载红外摄像机监控用。
(3)接入设备包含宽带无线网及ATM网(现有系统)设备。
(4)视频信息发布系统将监控中心的视频、音频信息在分局LAN中发布,使管理部门利用桌面计算机实现远程监视。

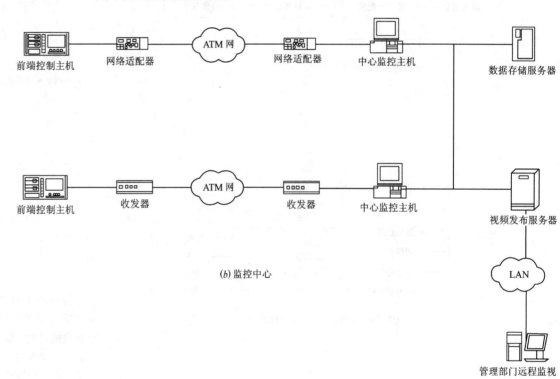

(b)监控中心

| 图名 | 车载闭路电视监控系统方案示例 | 图号 | AF 1—23 |

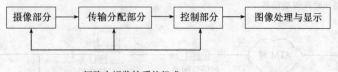

(a) 闭路电视监控系统组成

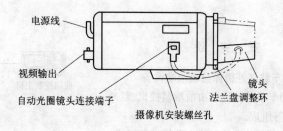

(c) 摄像机结构图

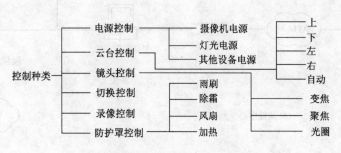

(b) 闭路电视监控系统控制的种类

安 装 说 明

1. 目前 CCD(电荷耦合器件)摄像机广泛使用,它具有使用环境照度低、工作寿命长、不怕强光源、重量轻、小型化等优点。
2. 摄像机供电电源分为:交流 220V、交流 24V、直流 12V 等,可根据设计要求进行选择。
3. 摄像机根据设计要求可选配不同型号的镜头、防护罩、云台、支架等。

| 图名 | 摄像机的结构及闭路电视监控系统控制的种类 | 图号 | AF 1—24 |

安 装 说 明

CCD 摄像机分类：
(1) 按成像色彩分：彩色摄像机和黑白摄像机。
(2) 按分辨率分：以影像像素 38 万点为界，影像像素在 38 万点以上的为高分辨率型，38 万点以下的为一般型。其中以 25 万点像素(510×492)、分辨率为 400 线的产品用得最普遍。

(3) 按扫描制式分：PAL 制、NTSC 制等。
(4) 按 CCD 靶面大小($a \times b$)分：1 英寸、$\frac{2}{3}$ 英寸、$\frac{1}{2}$ 英寸、$\frac{1}{3}$ 英寸、$\frac{1}{4}$ 英寸等，见下表。

CCD 摄像机靶面像场的 a、b 值

摄像机管径 像场尺寸	1 英寸 (25.4mm)	$\frac{2}{3}$ 英寸 (17mm)	$\frac{1}{2}$ 英寸 (13mm)	$\frac{1}{3}$ 英寸 (8.5mm)	$\frac{1}{4}$ 英寸 (6.5mm)
像场高度 a(高)	9.6mm	6.6mm	4.6mm	3.6mm	2.4mm
像场宽度 b(宽)	12.8mm	8.8mm	6.4mm	4.8mm	3.2mm

图名	CCD 摄像机的分类	图号	AF 1—25

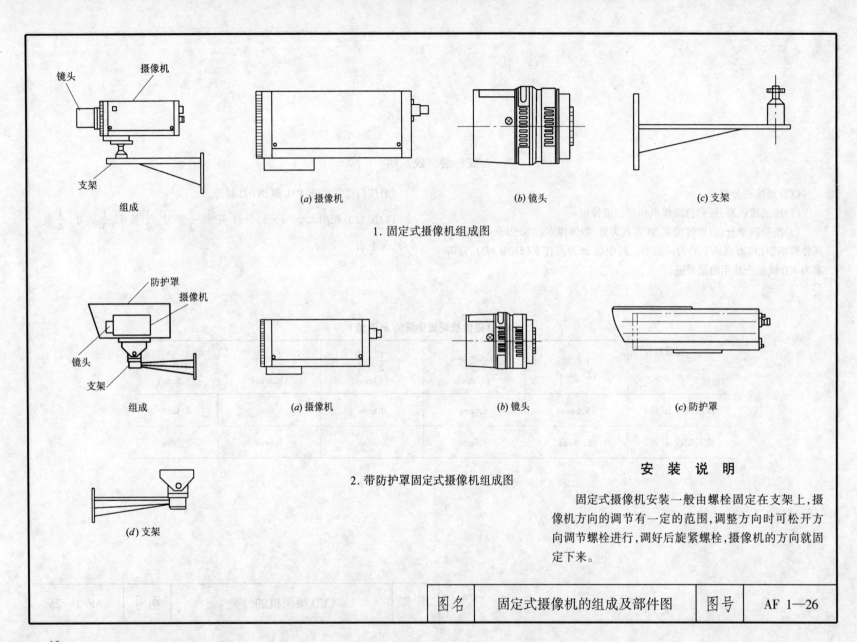

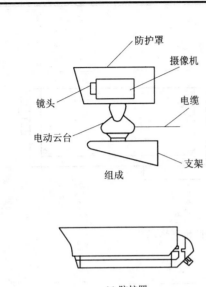

组成

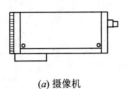

(a) 摄像机

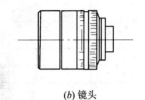

(b) 镜头

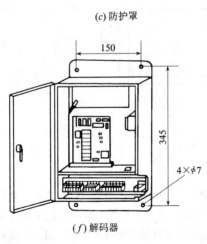

(c) 防护罩

(d) 电动云台

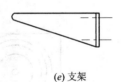

(e) 支架

(f) 解码器

安 装 说 明

1. 带电动云台的摄像机能达到扩大监视区域的作用,增加了摄像机的使用范围,云台分为单向电动云台和双向电动云台。
2. 解码器可安装在摄像机附近的墙上或吊顶内,当安装在吊顶内时要预留检修口。

| 图名 | 带云台摄像机的组成及部件图 | 图号 | AF1—27 |

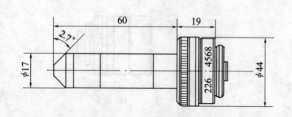

1. 针孔镜头规格尺寸

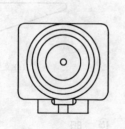

2. 摄像机规格尺寸

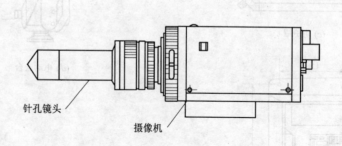

3. 带针孔镜头摄像机组成图

安装说明

带针孔镜头的摄像机通常安装在隐蔽地方。电梯厢内可使用带针孔镜头的摄像机,通常安装在电梯厢的顶部、电梯操作器对角处,并应能监视电梯内全景。安装时需先拿摄像机现场测试位置、角度,满足要求后用双向手动云台支架固定摄像机,并需相关专业配合的吊顶板上开5mm左右的镜头孔。还需与电梯专业确认电梯随行视频电缆及电源线路。电梯厢内摄像机用配管线需敷设到电梯机房电梯控制柜,另一端敷设到保安控制室。

| 图名 | 针孔摄像机的组成及部件图 | 图号 | AF 1—28 |

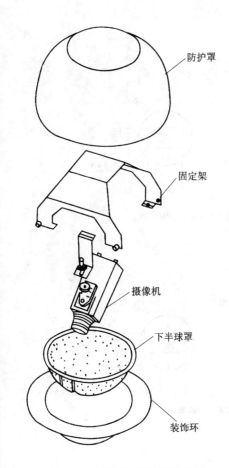

1. 球形固定摄像机组成图

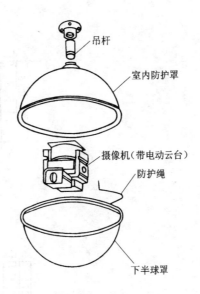

2. 室内球形带电动云台摄像机组成图

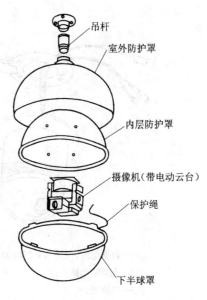

3. 室外球形带电动云台摄像机组成图

安 装 说 明

1. 球形摄像机广泛应用于娱乐场所、超级市场、商店及商业区林荫路等。
2. 下半球罩遮盖住摄像机的监视镜头,使摄像机的功能不会轻易暴露出来。

| 图名 | 球形摄像机的组成 | 图号 | AF 1—29 |

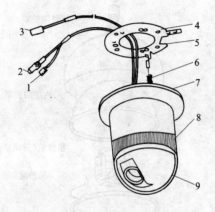

1—数据电缆,仅为 WV-CSR600;
2—视频输出插头;
3—电源线;
4—摄像机角度定位器;
5—摇动开始点;
6—掉落保护弹簧;
7—装饰盖板;
8—冷却孔;
9—半球形顶罩

1. 球形摄像机组成

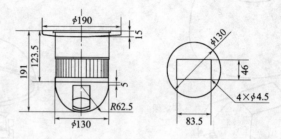

(a) WV-CS600A/CS604/CSR600 型

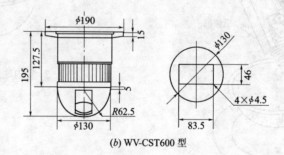

(b) WV-CST600 型

2. 球形摄像机规格尺寸

| 图名 | 球形摄像机的规格尺寸 | 图号 | AF 1—30 |

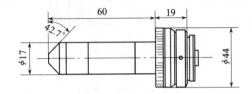

(a) 手动光圈直线型

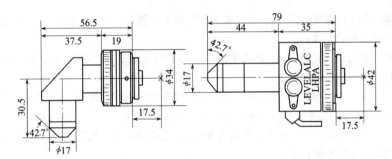

(b) 手动光圈直角型　　(c) 自动光圈直线型

1. 针孔镜头规格尺寸

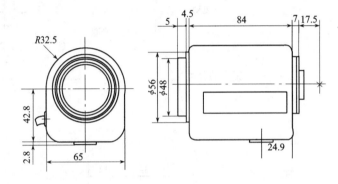

2. 电动变焦镜头规格尺寸

安 装 说 明

1. 摄像机需要隐蔽时,可设置在顶棚或墙壁内,镜头可采用针孔或棱镜镜头。对防盗用的系统,可装设附加的外部传感器与系统组合,进行联动报警。
2. 电梯厢内摄像机的镜头,应根据电梯厢体积的大小,选用水平视场角≥70°的广角镜头。

| 图名 | 摄像机镜头规格尺寸(一) | 图号 | AF 1—31(一) |

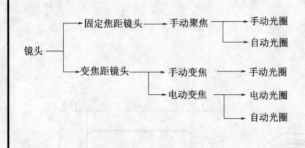

镜头的分类

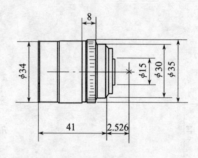

1. 固定光圈镜头规格尺寸

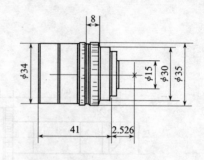

2. 手动光圈镜头规格尺寸

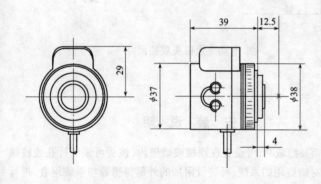

3. 自动光圈镜头规格尺寸

安 装 说 明

1. 摄像机镜头应避免强光直射,保证摄像管靶面不受损伤。镜头视场内,不得有遮挡监视目标的物体。
2. 摄像机镜头应从光源方向对准监视目标,并应避免逆光安装;当需要逆光安装时,应降低监视区域的对比度。
3. 镜头像面尺寸应与摄像机靶面尺寸相适应。摄取固定目标的摄像机,可选用定焦距镜头;在有视角变化要求的摄像场合,可选用变焦距镜头。
4. 监视目标亮度变化范围高低相差达到100倍以上或昼夜使用的摄像机,应选用自动光圈或电动光圈镜头。
5. 当需要遥控时,可选用具有光对焦、光圈开度、变焦距的遥控镜头;电动变焦镜头焦距可以根据需要进行电动控制调整,使被摄物体的图像放大或缩小,焦距可以从广角变到长焦,焦距越长成像越大。

| 图名 | 摄像机镜头规格尺寸(二) | 图号 | AF 1—31(二) |

安装说明

1. 按摄像机镜头规格分:有 1 英寸、……$\frac{1}{4}$ 英寸等规格,镜头规格应与 CCD 靶面尺寸相对应,即摄像机靶面大小为 $\frac{1}{3}$ 英寸时,镜头同样应选 $\frac{1}{3}$ 英寸的。

2. 按镜头安装分:C 安装座和 CS 安装(特种 C 安装)座。两者之螺纹相同,但两者到感光表面的距离不同。前者从镜头安装基准面到焦点的距离为 17.526mm,后者为 12.5mm。

3. 按镜头光圈分:手动光圈和自动光圈。自动光圈镜头有两类:(1)视频输入型,将视频信号及电源从摄像机输送到镜头来控制光圈;(2)DC 输入型,利用摄像机上直流电压直接控制光圈。

4. 按镜头的视场大小分:

(1)标准镜头:视角 30°左右,在 $\frac{1}{2}$ 英寸 CCD 摄像机中,标准镜头焦距定为 12mm;在 $\frac{1}{3}$ 英寸 CCD 摄像机的标准镜头焦距定为 8mm,参见表1。

常用定焦距镜头参数表　　表1

焦距(mm)	最大相对孔径	像场角度 水平	像场角度 垂直	分辨能力(线数/mm) 中心	分辨能力(线数/mm) 边缘	透射系数	边缘与中心照度比(%)
15	1:1.3	48°	36°	—	—	—	—
25	1:0.95	32°	24°	—	—	—	—
50	1:2	27°	20°	38	20	—	48
75	1:2	16°	12°	35	17	0.75	40
100	1:2.5	14°	10°	38	18	0.78	70
135	1:2.8	10°	7.7°	30	18	0.85	55
150	1:2.7	8°	6°	40	20	—	—
200	1:4	6°	4.5°	38	30	0.82	80
300	1:4.5	4.5°	3.5°	35	26	0.87	87
500	1:5	2.7°	2°	32	15	0.84	90
750	1:5.6	2°	1.4°	32	16	0.58	95
1000	1:6.3	1.4°	1°	30	20	0.58	95

图名	摄像机镜头的分类(一)	图号	AF1—32(一)

(2) 广角镜头：视角 90°以上，焦距可小于几毫米，但可提供较广宽的视景。

(3) 远摄镜头：视角 20°以内，焦距可达几米至几十米，并可远距离将拍摄的物体影像放大，但使观察范围变小。

(4) 变倍镜头(Zoom lens)：亦称伸缩镜头，有手动和电动之分。

(5) 变焦镜头：它介于标准镜头与广角镜头之间，焦距可连续改变，参见表2。

(6) 针孔镜头：镜头端头直径几毫米，可隐蔽安装。

常用变焦距镜头参数表

表 2

焦距 (mm)	相对孔径	视 场 角			最近距离 (m)
		对角线	水 平	垂 直	
12～120	1:2	5°14' 49°16'	4°12' 40°16'	3°10' 30°1'	1.3
12.5～50	1:1.8	12°33' 47°28'	10°03' 38°48'	7°33' 92°35'	1.2
12.5～80	1:1.8	8°58' 47°28'	6°18' 38°18'	4°44' 29°34'	1.5
14～70	1:1.8	8°58' 42°26'	7°12' 34°54'	5°24' 26°32'	1.2
15～150	1:2.5	6°04' 55°50'	4°58' 45°54'	30°38' 35°08'	1.7
16～64	1:2	9°48' 37°55'	7°52' 30°45'	5°54' 23°18'	1.2
18～108	1:2.5	8°24' 47°36'	6°44' 38°48'	5°02' 29°34'	1.5
20～80	1:2.5	11°20' 43°18'	9°04' 35°14'	6°48' 26°44'	1.2
20～100	1:1.8	9°04' 35°14'	7°16' 28°30'	5°26' 21°34'	1.3
25～100	1:1.8	9°04' 35°14'	7°16' 28°30'	5°26' 21°34'	2

| 图名 | 摄像机镜头的分类(二) | 图号 | AF 1—32(二) |

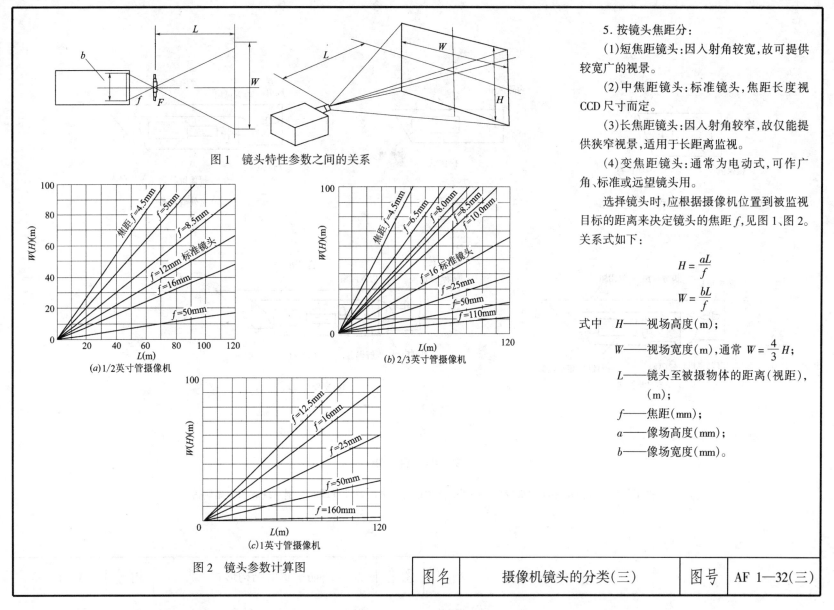

图1 镜头特性参数之间的关系

图2 镜头参数计算图

(a) 1/2英寸管摄像机
(b) 2/3英寸管摄像机
(c) 1英寸管摄像机

5.按镜头焦距分：

(1)短焦距镜头：因入射角较宽,故可提供较宽广的视景。

(2)中焦距镜头：标准镜头,焦距长度视CCD尺寸而定。

(3)长焦距镜头：因入射角较窄,故仅能提供狭窄视景,适用于长距离监视。

(4)变焦距镜头：通常为电动式,可作广角、标准或远望镜头用。

选择镜头时,应根据摄像机位置到被监视目标的距离来决定镜头的焦距 f,见图1、图2。

关系式如下：

$$H = \frac{aL}{f}$$

$$W = \frac{bL}{f}$$

式中 H——视场高度(m)；

W——视场宽度(m),通常 $W = \frac{4}{3}H$；

L——镜头至被摄物体的距离(视距),(m)；

f——焦距(mm)；

a——像场高度(mm)；

b——像场宽度(mm)。

图名	摄像机镜头的分类(三)	图号	AF1—32(三)

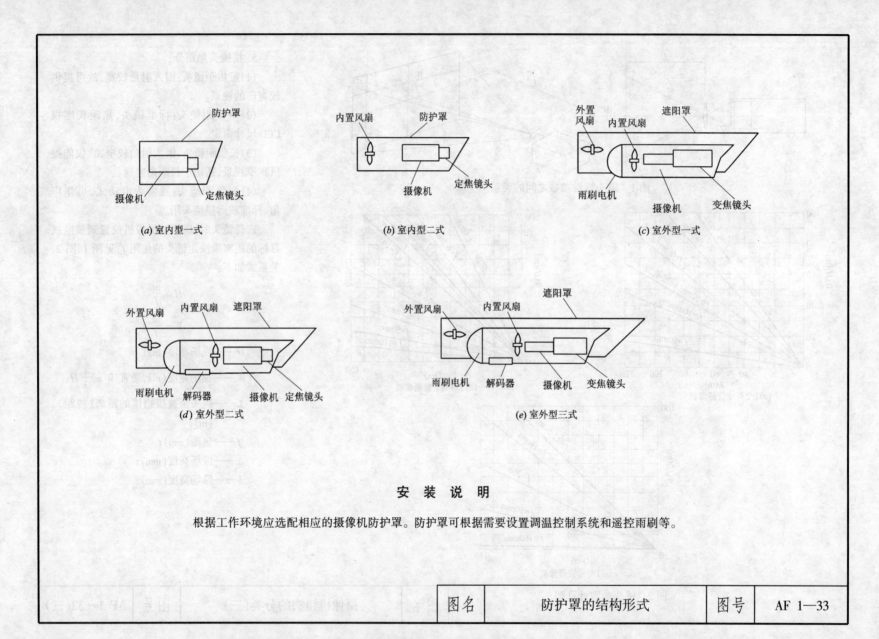

| 图名 | 防护罩的结构形式 | 图号 | AF1—33 |

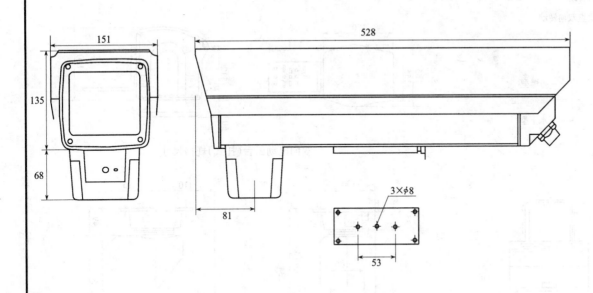

2. VD-8008 室外全天候防护罩主要部件及参数

项目	主要参数
输入电压	AC 220V/50Hz；AC 24V/50Hz
罩内控制温度	-5~45℃
重量	5.5kg
雨刷工作电压	AC 24V(5W)；AC 220V(5W)
加热器	AC 24V(20W)
风扇	DC:12V(1.2W)
除霜玻璃(选配)	AC 24V(10W)
温度控制	高于45℃，风扇自动工作；低于-5℃，加热器自动工作

1. VD-8008 室外全天候防护罩尺寸

安装说明

全天候室外防护罩，罩体由铝合金制成，表面经喷塑处理防腐蚀能力强；采用可移动遮阳盖，方便用户调整；罩内有温控降温风扇和加热板，并配有雨刷器(可选配除霜玻璃)，可用于多种恶劣环境工作。本器材结构坚固外形美观，是优秀的摄像机室外防护设备。

安装时松开后盖上的四个内六角螺丝；向后抽出后盖；将摄像机及镜头安装在底板上，调整至适当位置；将所有电缆线分别从2个多芯电缆护套管穿出，并锁紧以防漏水；按图将AC24V或AC220V电源接入防护罩接线柱上，并接好开关K1连接，盖上后盖拧紧螺丝，检查是否密封。

接通电源，合上开关K1，雨刷即开始工作；断开开关K1，雨刷即停止工作；高寒环境或高湿环境下，可选配除霜玻璃，接好K2连线，合上K2开关，除霜玻璃即开始工作。

图名	室外全天候防护罩安装方法	图号	AF 1—34

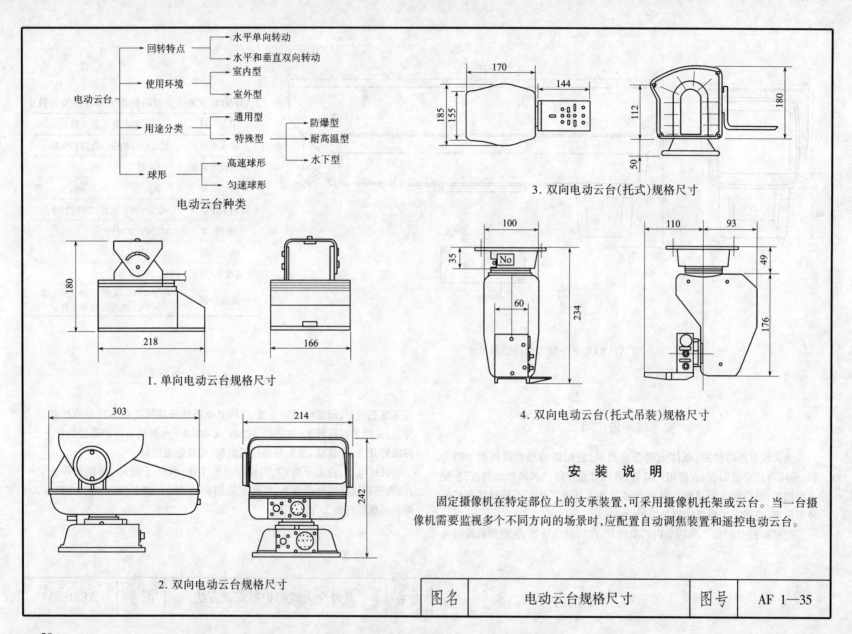

安 装 说 明

1. 按安装部位分:室内云台和室外云台(全天候型),见下表。
2. 按运动方向分:水平旋转云台和全方位云台。

几种常用电动云台的特性

性能　　种类 项目		室内限位旋转式	室外限位旋转式	室外连续旋转式	室外自动反转式
水平旋转速度		6°/s	3.2°/s	—	6°/s
垂直旋转速度		3°/s	3°/s	3°/s	—
水平旋转角		0°~350°	0°~350°	0°~360°	0°~350°
垂直旋转角	仰	45°	15°	30°	30°
	俯	45°	60°	60°	60°
抗 风 力		—	60m/s	60m/s	60m/s

3. 按承受负载能力分:
 (1)轻载云台:最大负重20磅(9.08kg);
 (2)中载云台:最大负重50磅(22.7kg);
 (3)重载云台:最大负重100磅(45kg);
 (4)防爆云台:用于危险环境,可负重100磅。
4. 按旋转速度分:
 (1)恒速云台只有一档速度,一般水平转速最小值为6°~12°/s,垂直俯仰速度为3°~3.5°/s。
 (2)可变速云台:水平转速为0~>400°/s,垂直倾斜速度多为0~120°/s,最高可达400°/s。

图名	云台的分类	图号	AF 1—36

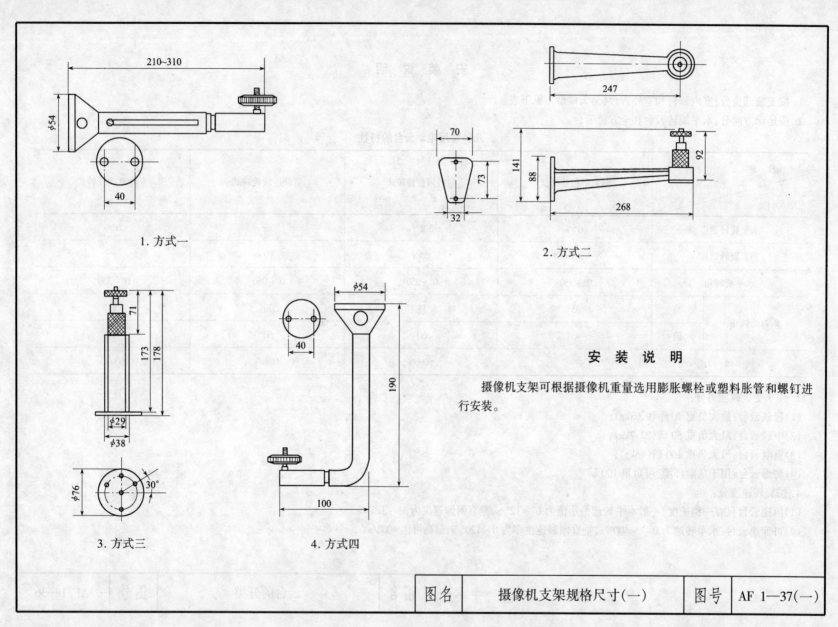

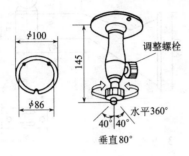

1. 方式一

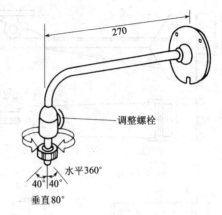

2. 方式二

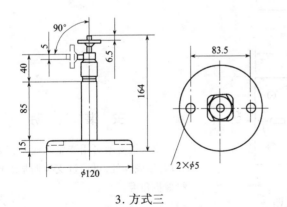

3. 方式三

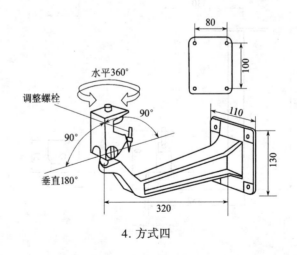

4. 方式四

| 图名 | 摄像机支架规格尺寸(二) | 图号 | AF 1—37(二) |

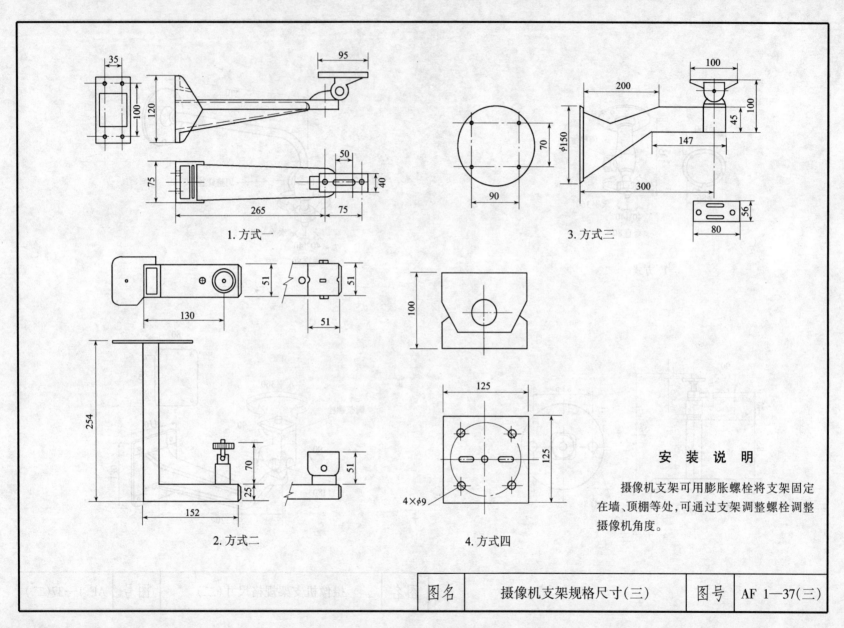

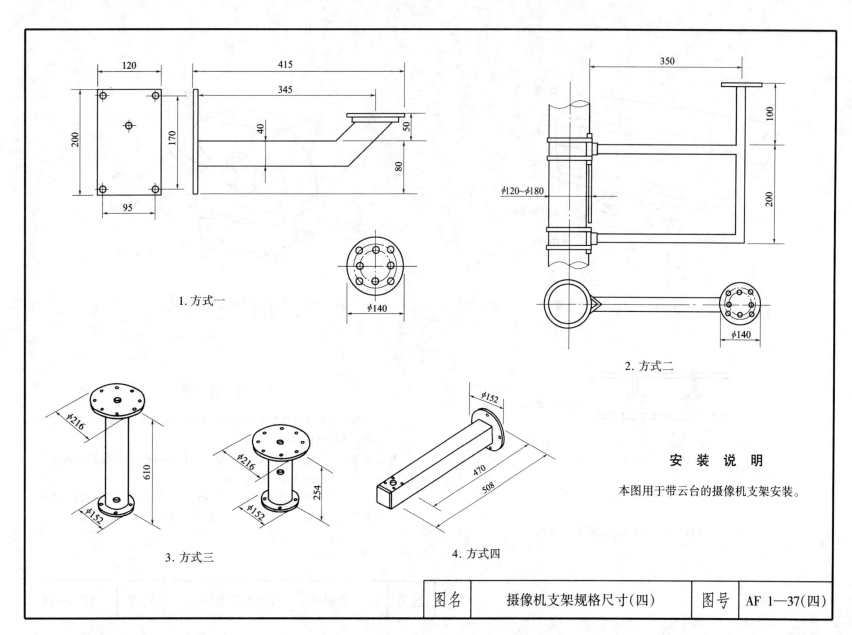

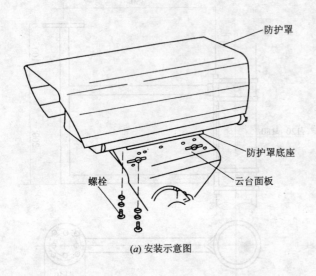

(a) 安装示意图

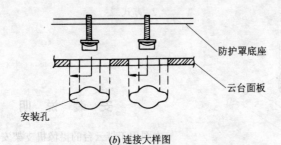

(b) 连接大样图

1. 防护罩在电动云台上安装方法

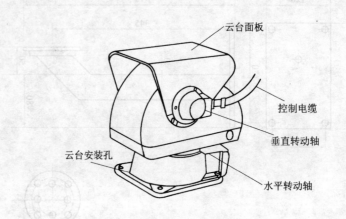

2. 双向电动云台结构图

安 装 说 明

1. 双向电动云台是在控制室操纵作水平和垂直转动,使摄像机能大范围摄取所需的目标。
2. 双向电动云台应具有转动平稳、自动限位的特点,水平旋转角通常为 0°～350°,垂直旋转角一般为 ±45°。
3. 电动云台的控制电压有交流220V、交流24V,特殊的有直流12V。水平旋转速度一般在 3°/s～10°/s,垂直旋转速度在 4°/s 左右。

| 图名 | 防护罩在云台上安装方法 | 图号 | AF 1—38 |

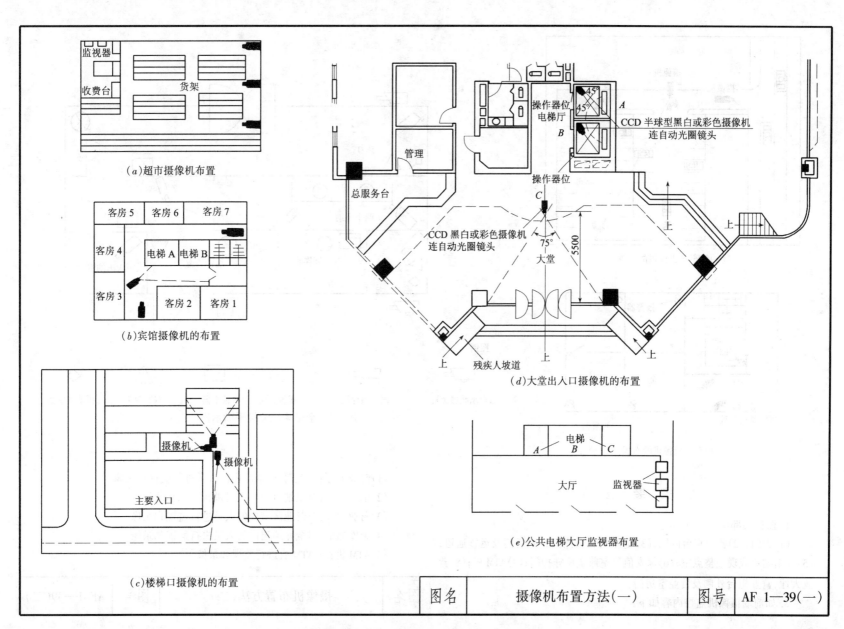

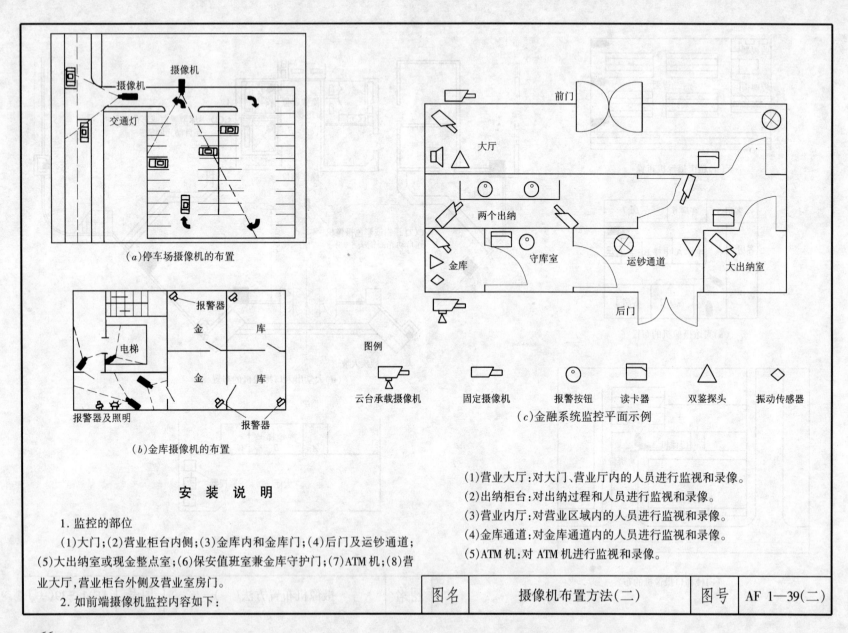

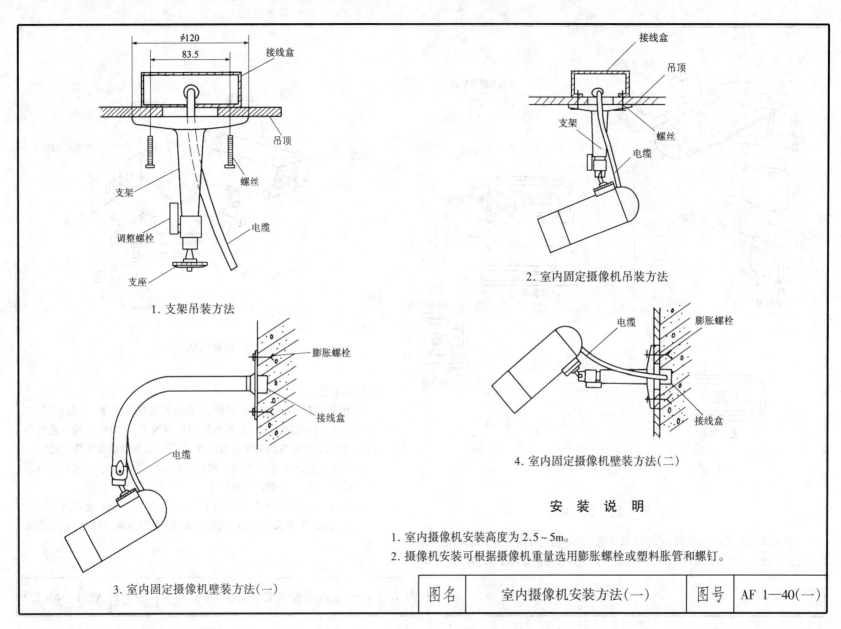

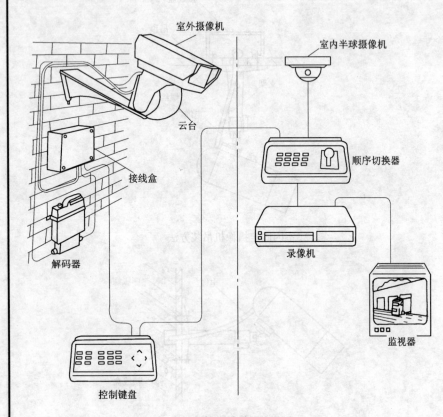

1. 闭路电视系统安装示意图

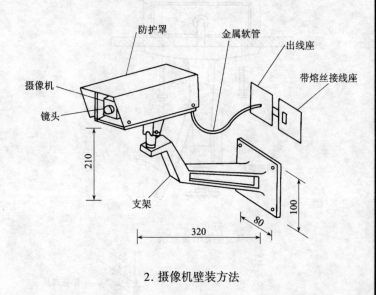

2. 摄像机壁装方法

安 装 说 明

在小区的出入口、主要通道、车库以及重要住宅楼门厅安装摄像机，将监测区的情况以图像方式传送到管理中心。保安值班人员通过电视监视器随时看到以上重要场所的情况。

闭路电视系统前端主要包括：监视现场的摄像机、镜头、防护罩、支架和云台。目前设计中一般皆选择彩色摄像机，光线暗的地方选择黑白摄像机，其他前端相关设施的选择，要看安装现场的具体情况而定。

传输线路，视频信号传输一般选用经济的同轴电缆，当选用电动云台式摄像机时，还要敷设控制线路。

闭路电视系统在管理中心的主要设备包括：监视器（电视屏）、录像机、视频分配器、画面分割器、视频切换器、分控设备，时间日期发生器等。

| 图名 | 室内摄像机安装方法（二） | 图号 | AF1—40（二） |

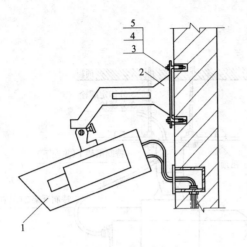

(a)摄像机壁装方法(一)

1—摄像机；2—支架；3、4、5—膨胀螺栓、螺母、垫片

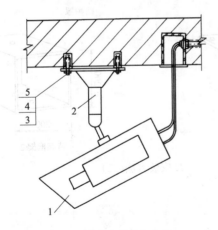

(c)摄像机吊装方法

1—摄像机；2—支架；3、4、5—膨胀螺栓、螺母、垫片

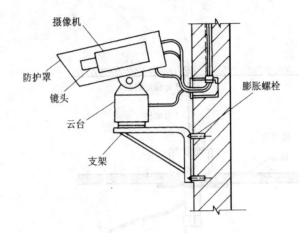

(b)摄像机壁装方法(二)

安装说明

室外摄像机安装时，防护罩要选用室外防水型，云台也应为室外型，摄像机的控制电缆应选用包塑型金属软管保护，并选用专用接头连接，长度应能满足云台自由转动。

| 图名 | 室内摄像机安装方法(三) | 图号 | AF1—40(三) |

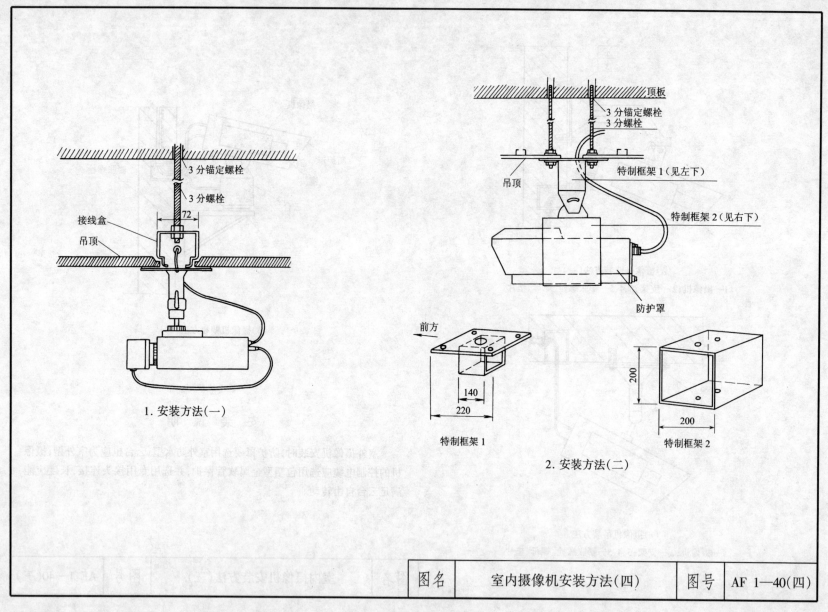

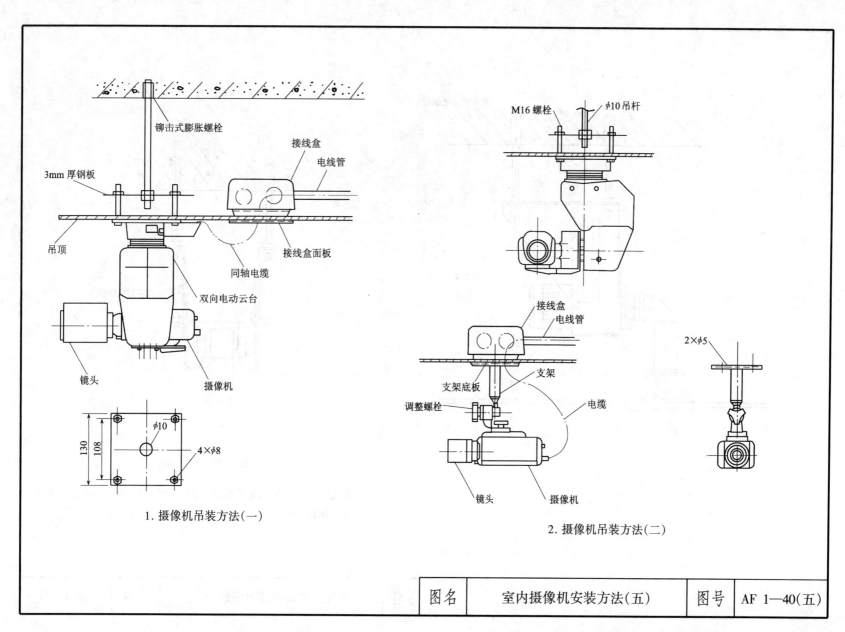

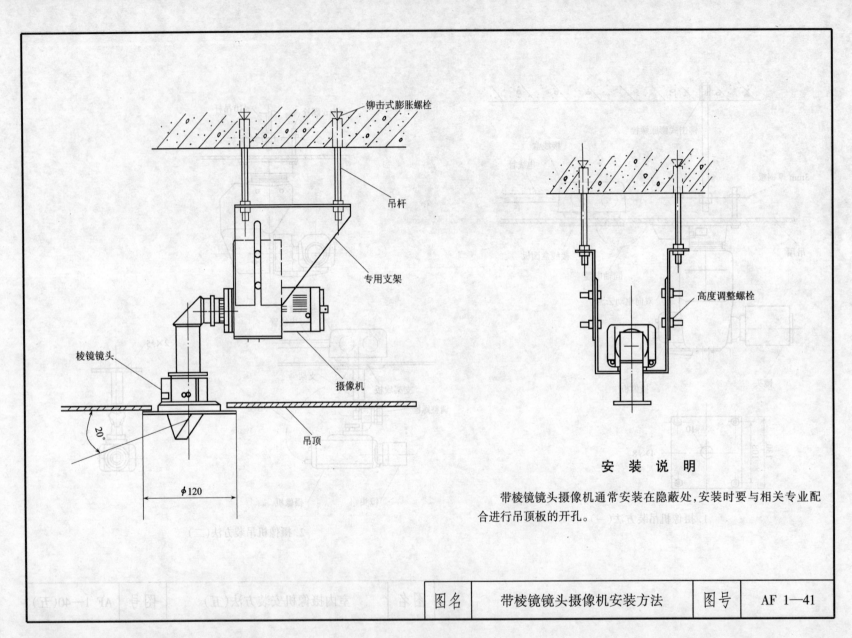

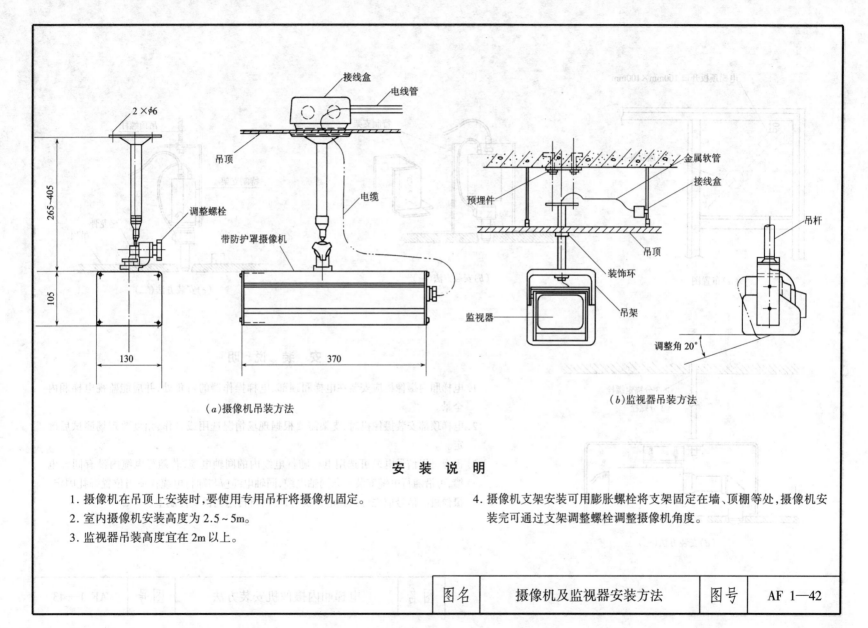

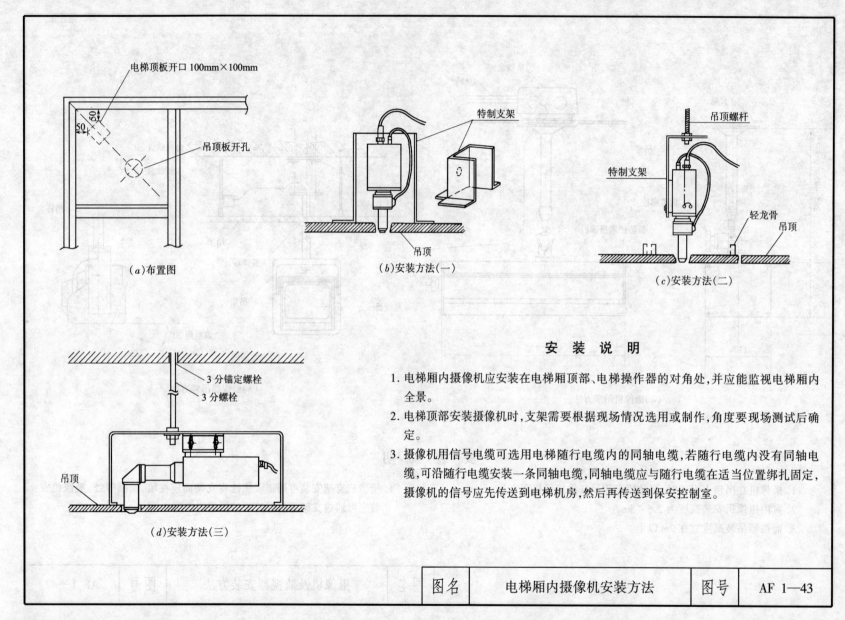

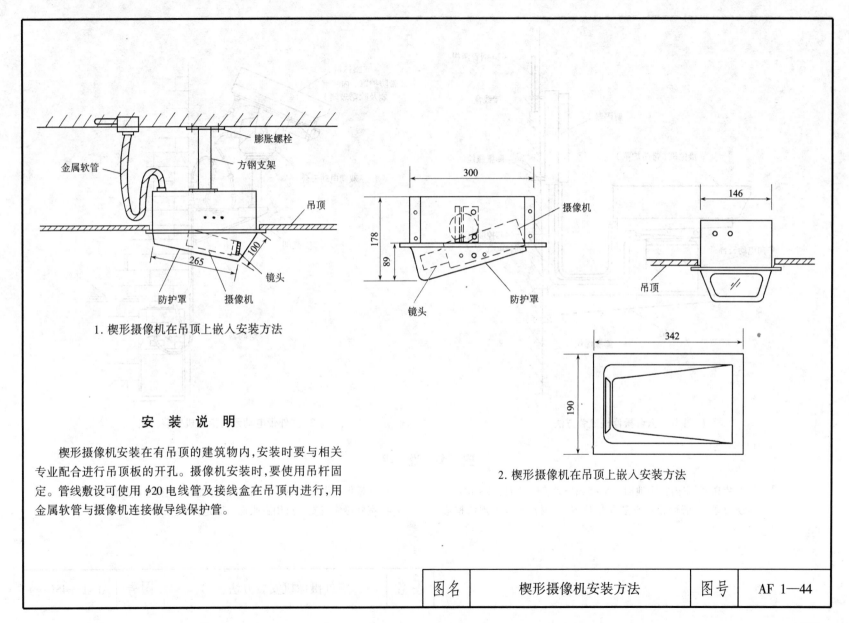

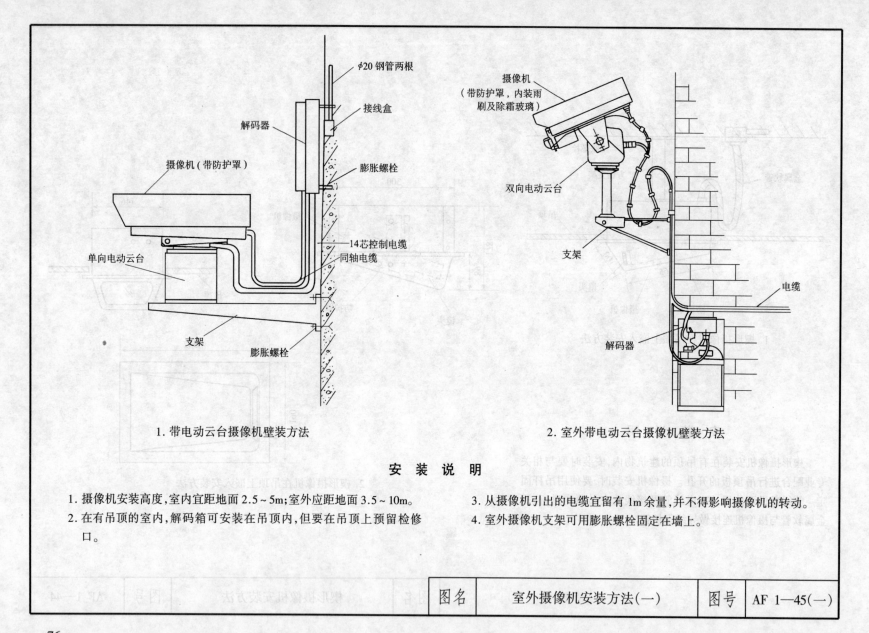

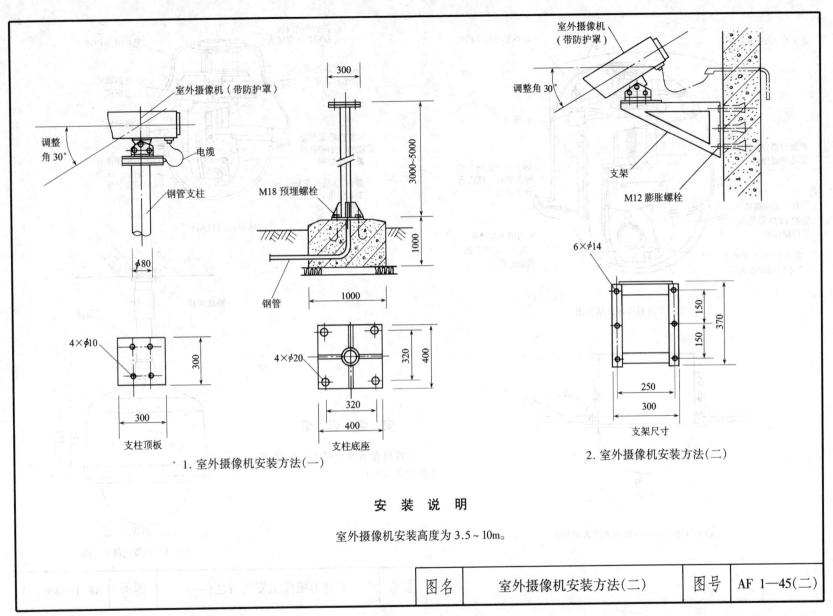

1. 室外摄像机安装方法(一)

2. 室外摄像机安装方法(二)

安 装 说 明

室外摄像机安装高度为 3.5～10m。

| 图名 | 室外摄像机安装方法(二) | 图号 | AF 1—45(二) |

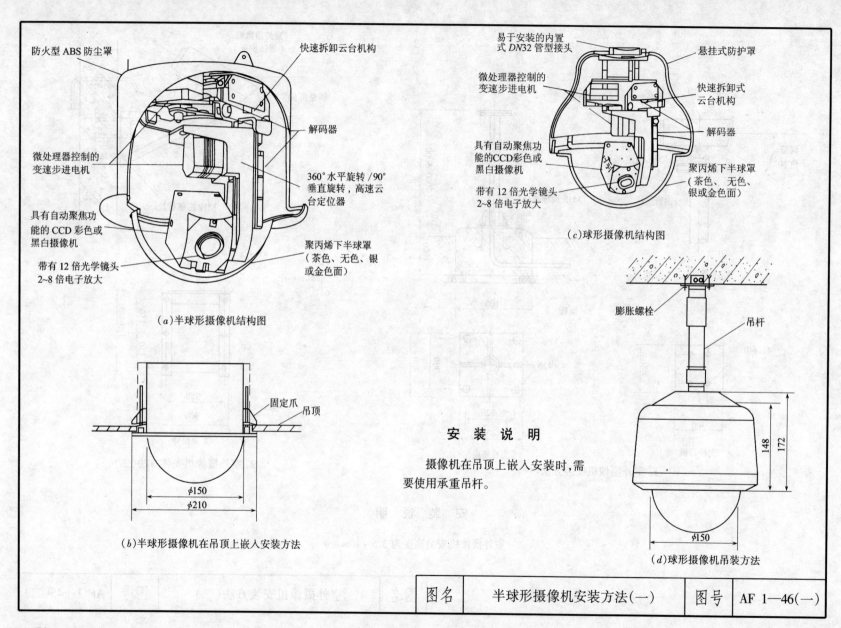

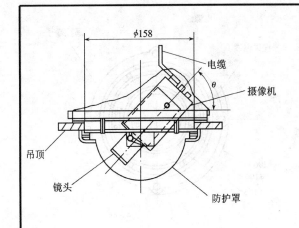
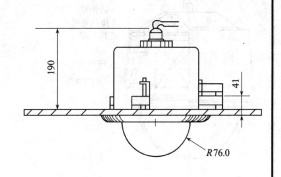
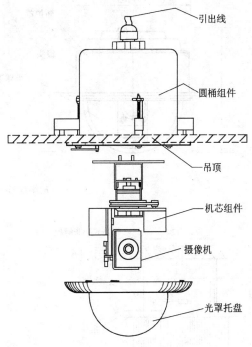
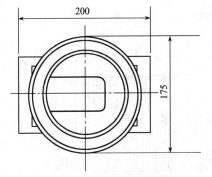
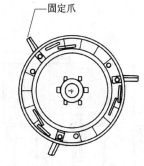

1. 半球形摄像机在吊顶上嵌入安装方法
2. 室内吸顶球形摄像机结构示意图
3. 室内吸顶球形摄像机安装方法

安 装 说 明

1. 摄像机在吊顶上嵌入安装时,要使用吊杆固定摄像机。
2. 安装时要与相关专业配合进行吊顶板开孔。
3. 管线敷设可使用 $\phi 20$ 电线管及接线盒在吊顶内进行,用金属软管与摄像机连接做导线保护管。

| 图名 | 半球形摄像机安装方法(二) | 图号 | AF 1—46(二) |

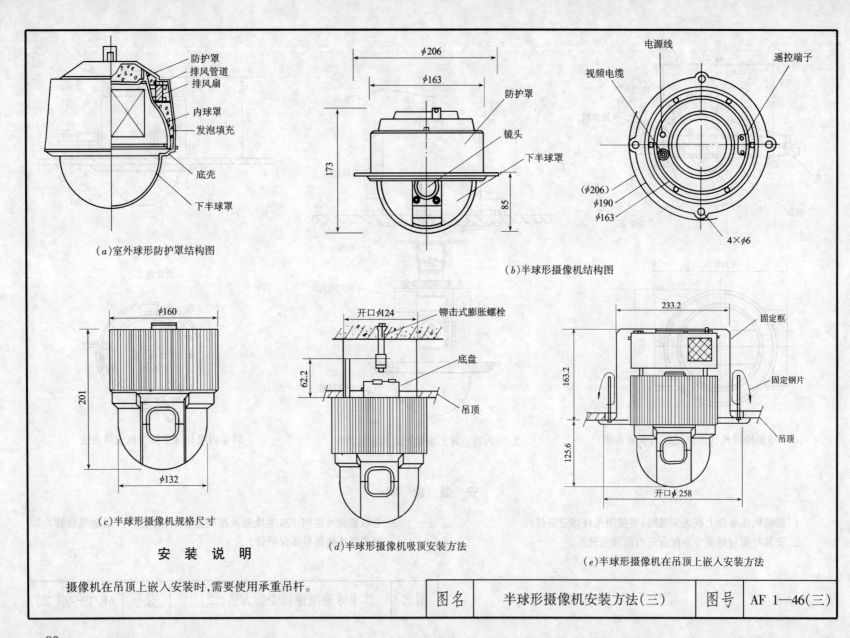

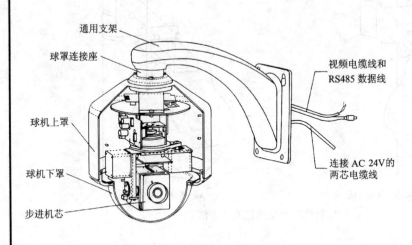

1. 室内球形摄像机结构示意图

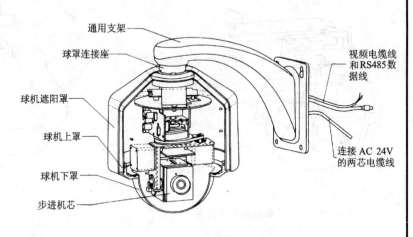

2. 室外球形摄像机结构示意图

安 装 说 明

室内球有平顶和悬吊安装两种,平顶防护罩有几种不同的安装方法,这依赖于天花板类型,悬吊防护罩可以悬吊在天花板上或使用墙装安装支架安装在墙上。

室外球是一种全天候的悬吊球,实际上可以安装在任何应用场合,能够悬吊或使用墙装支架安装在墙上,也可以安装在墙角、屋顶(栏杆)或有孔洞的地方。室外球也可以订购可选的50瓦加热器/风扇。

| 图名 | 球形摄像机结构图 | 图号 | AF 1—47 |

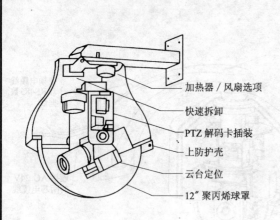

1. 智能球形摄像机结构图

加热器/风扇选项
快速拆卸
PTZ解码卡插装
上防护壳
云台定位
12″聚丙烯球罩

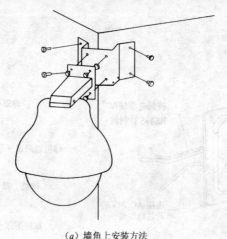

(a) 墙角上安装方法

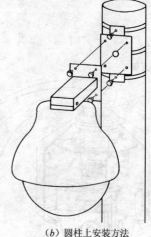

(b) 圆柱上安装方法

2. 智能球形摄像机安装方法

安 装 说 明

KTA—8C高速智能球是一种紧凑的、可变速水平、垂直运动、变焦的球形摄像机，速度高达400°/s，8英寸悬吊安装，智能球使用一体化彩色或黑白摄像机，具有16倍光学变焦镜头和2～8倍电子变焦。特点包括自动光圈手动调整，自动或手动聚焦，背景光补偿，64个可编程预置位，预置位和区域标识，四条巡视路线。

可编程非易失存储器允许用户自己设置智能球，具有选项可编程自动旋转和预置位巡视速度，自动白平衡，水平/垂直反转，比例变焦速度和视频同步。光学圆盘阅读器保持跟踪摄像机的位置，高质量的金属滑动环电刷允许智能球连续360°旋转。当目标直接经过球的下方时，"快速自旋"特性允许摄像机快速旋转180°继续跟踪目标。四个微处理器使用连续步进电机控制着摄像机水平垂直移动。

智能球可以悬吊安装在室内和室外，允许安装在多数监控场合。（室外型号可以订购可选的50瓦加热器/风扇。）智能球易于安装，绞合球附件和快速释放连接器允许整个云台容易转动。可以订购透明、茶色或银色、金色镜面丙烯酸低衰减球罩。

智能球使用24VAC电源供电，一个或多个远端KTD—304键盘通过非屏蔽双绞线控制，可移动的终端接线柱用于线的连接。

| 图名 | 球形摄像机安装方法（一） | 图号 | AF 1—48(一) |

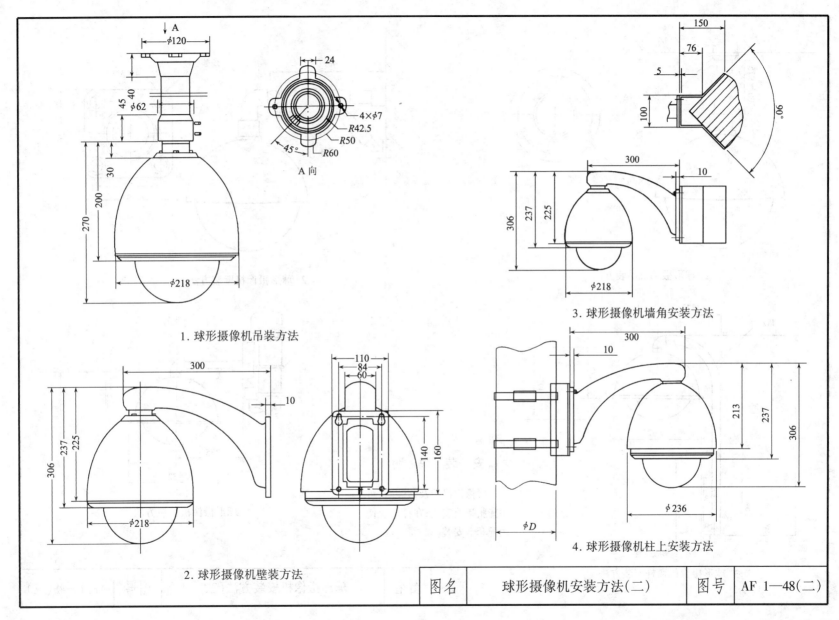

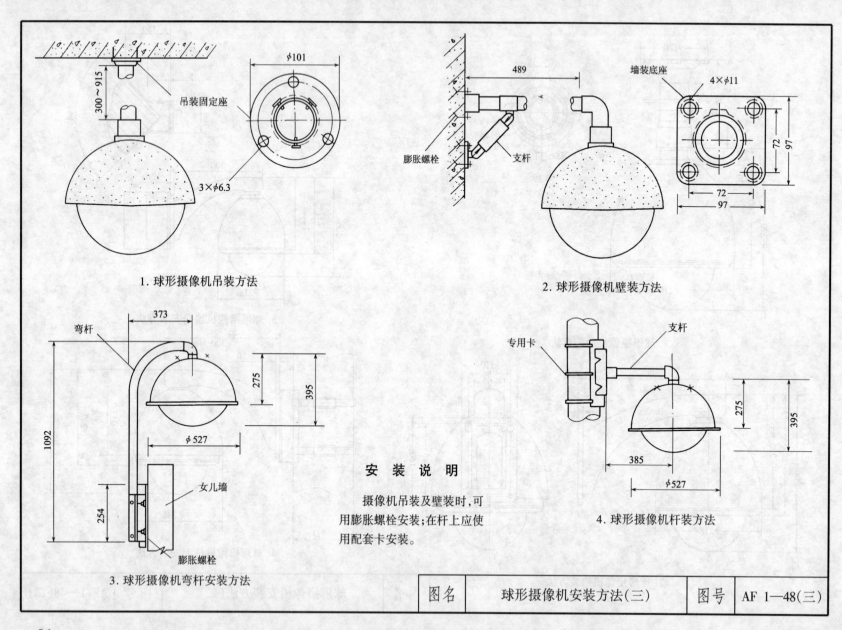

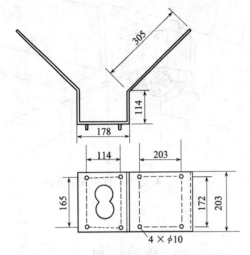

1. 墙角用支架规格尺寸

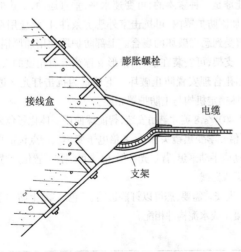

2. 墙角用支架安装方法

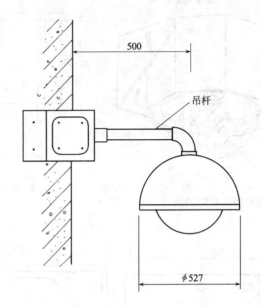

3. 墙角处球形摄像机安装方法

安 装 说 明

1. 室外摄像机安装高度一般为3.5~10m。
2. 接线盒处应做好防水处理。
3. 在石材上安装摄像机时,可选用不锈钢材质的支架及螺栓,以防锈迹污染石材。
4. 干挂石材上安装支架时,可先用角钢制作底架安装在墙上,然后安装墙角用支架于底架上,并用防水胶封堵支架与石材之间缝隙。

| 图名 | 球形摄像机安装方法(四) | 图号 | AF1—48(四) |

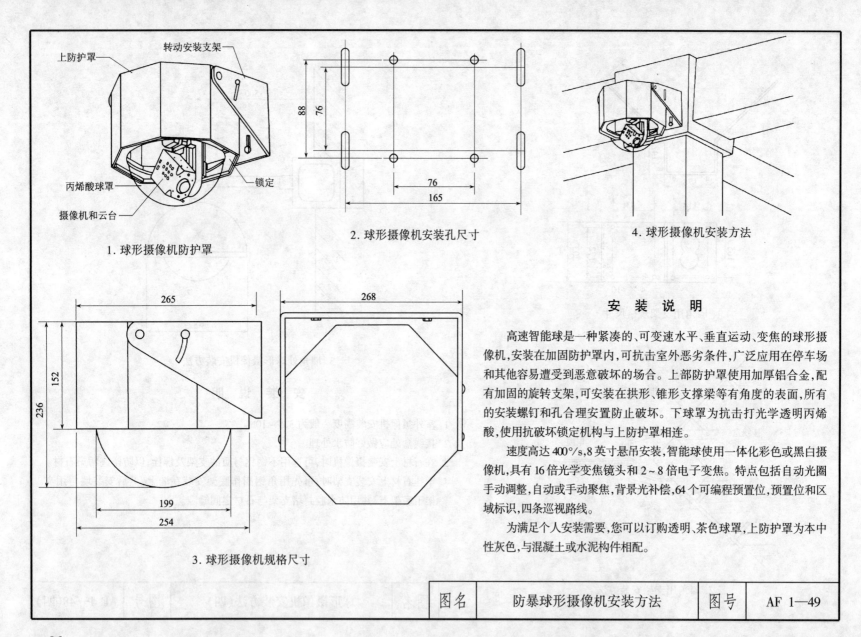

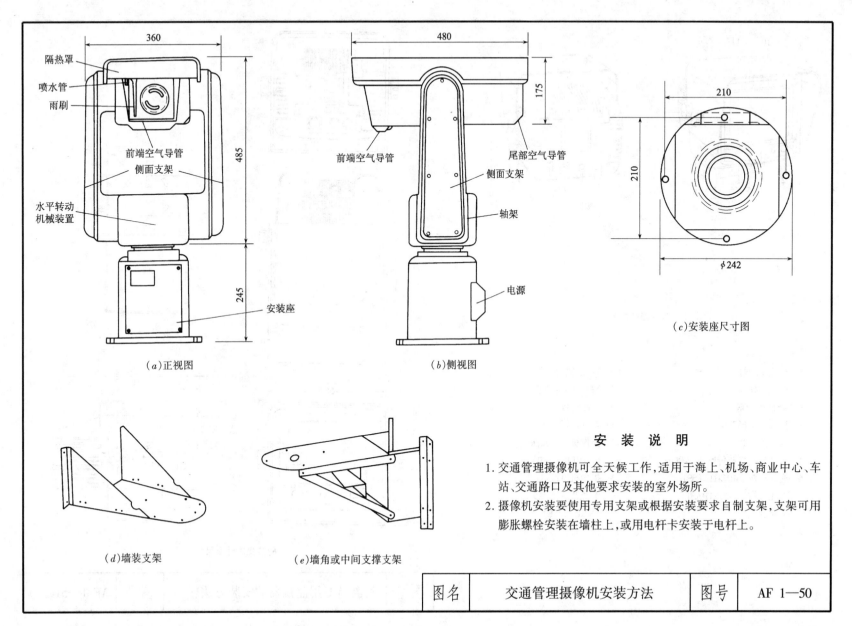

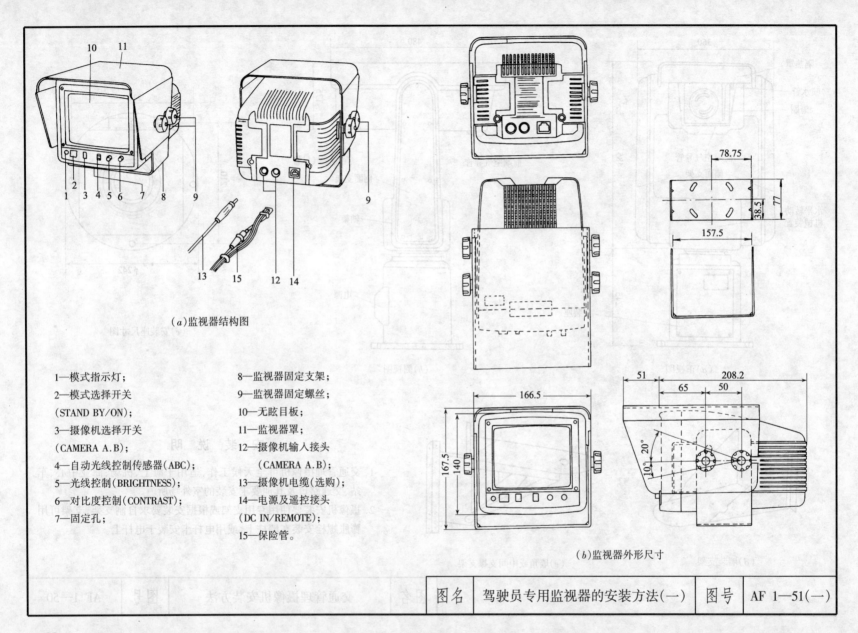

(a)监视器结构图

1—模式指示灯；
2—模式选择开关(STAND BY/ON)；
3—摄像机选择开关(CAMERA A.B)；
4—自动光线控制传感器(ABC)；
5—光线控制(BRIGHTNESS)；
6—对比度控制(CONTRAST)；
7—固定孔；
8—监视器固定支架；
9—监视器固定螺丝；
10—无眩目板；
11—监视器罩；
12—摄像机输入接头(CAMERA A.B)；
13—摄像机电缆(选购)；
14—电源及遥控接头(DC IN/REMOTE)；
15—保险管。

(b)监视器外形尺寸

| 图名 | 驾驶员专用监视器的安装方法(一) | 图号 | AF1—51(一) |

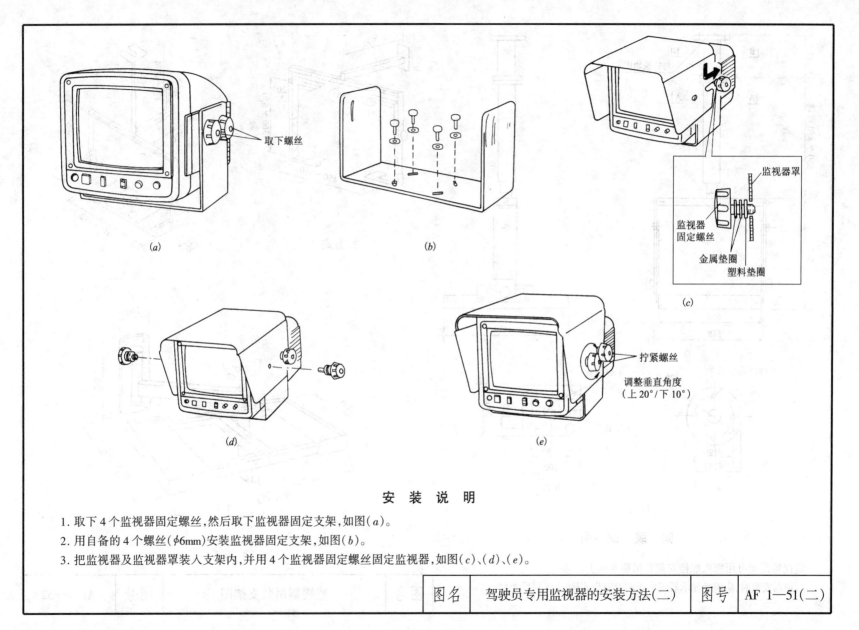

安 装 说 明

1. 取下4个监视器固定螺丝,然后取下监视器固定支架,如图(a)。
2. 用自备的4个螺丝(ϕ6mm)安装监视器固定支架,如图(b)。
3. 把监视器及监视器罩装入支架内,并用4个监视器固定螺丝固定监视器,如图(c)、(d)、(e)。

| 图名 | 驾驶员专用监视器的安装方法(二) | 图号 | AF 1—51(二) |

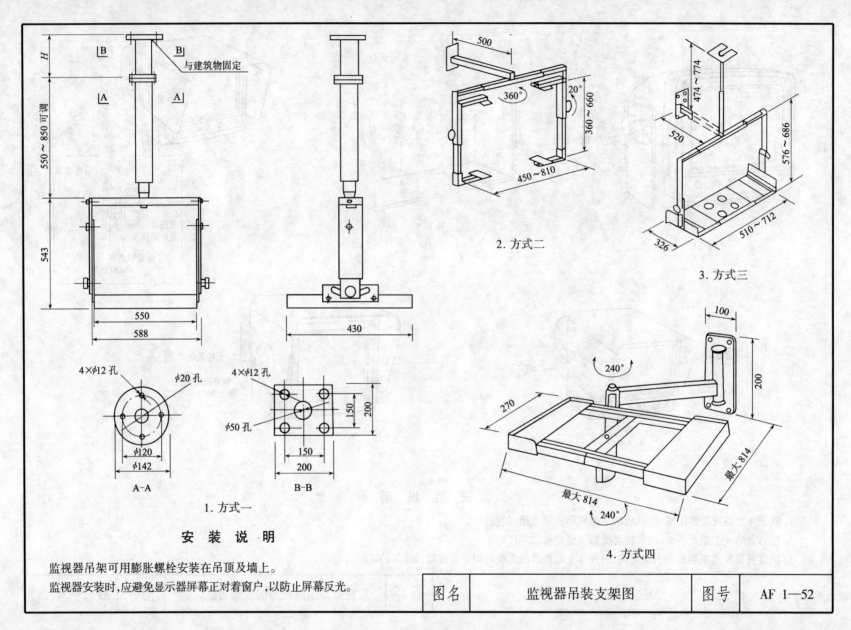

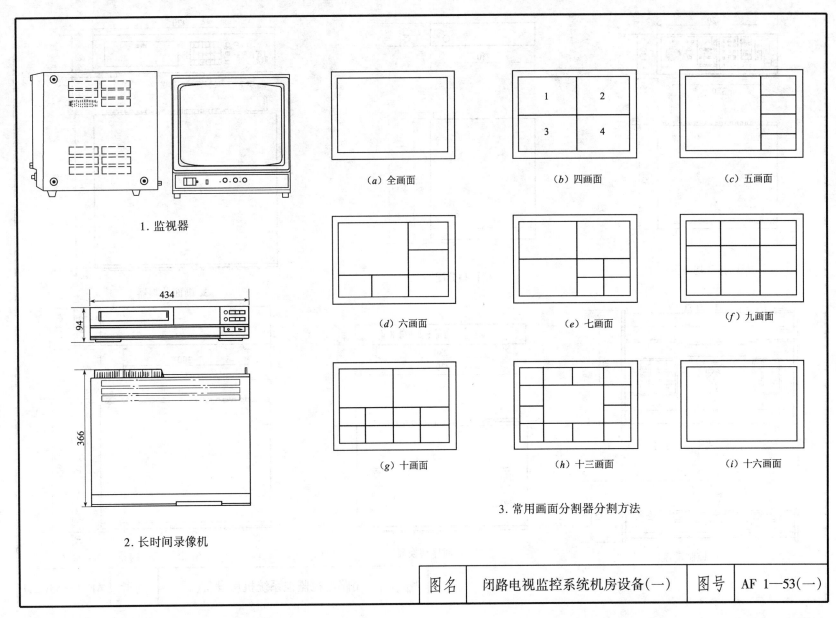

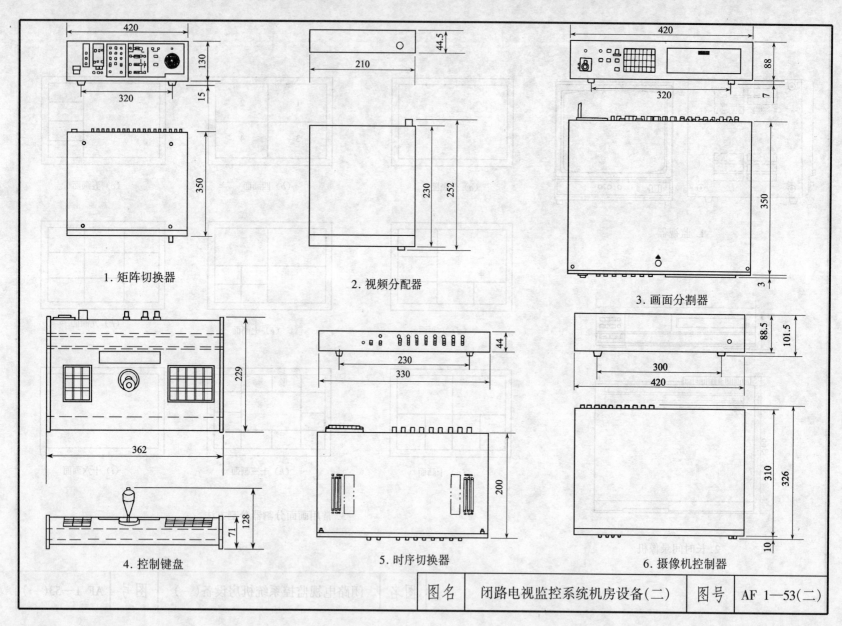

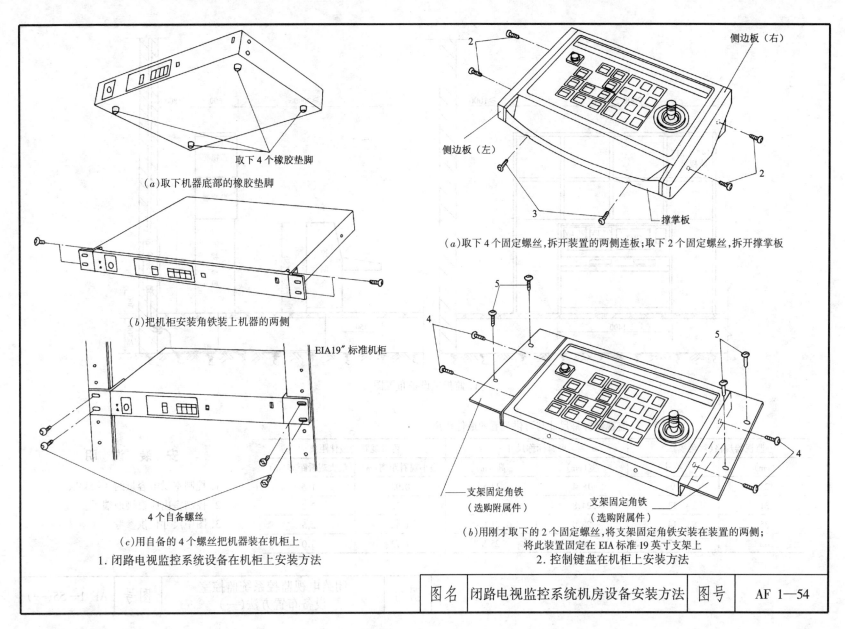

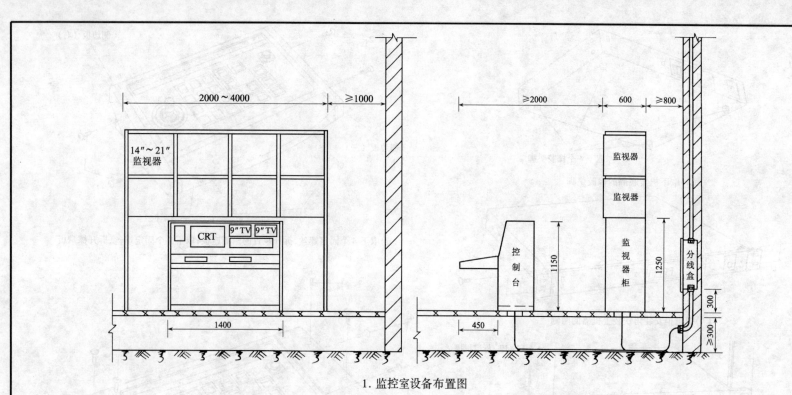

1. 监控室设备布置图

2. 监视器屏幕尺寸与可供观看的最佳距离

监视器规格(对角线)		屏幕标称尺寸		可供观看的最佳距离	
(cm)	(英寸)	宽(cm)	高(cm)	最小观看距离(m)	最大观看距离(m)
23	9	18.4	13.8	0.92	1.6
31	12	24.8	18.6	1.22	2.2
35	14	28.0	21.0	1.42	2.5
43	17	34.4	25.8	1.72	3.0

安装说明

1. 控制室供电容量约 3～5kVA。
2. 控制室内应设接地端子。
3. 图中尺寸仅供参考。

图名	闭路电视监控系统监控室设备布置方法(一)	图号	AF 1—55(一)

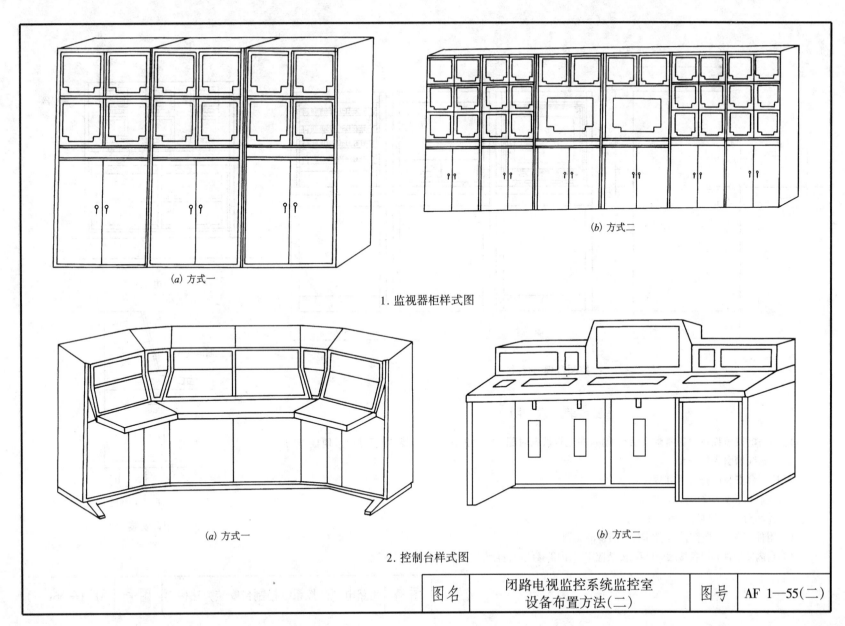

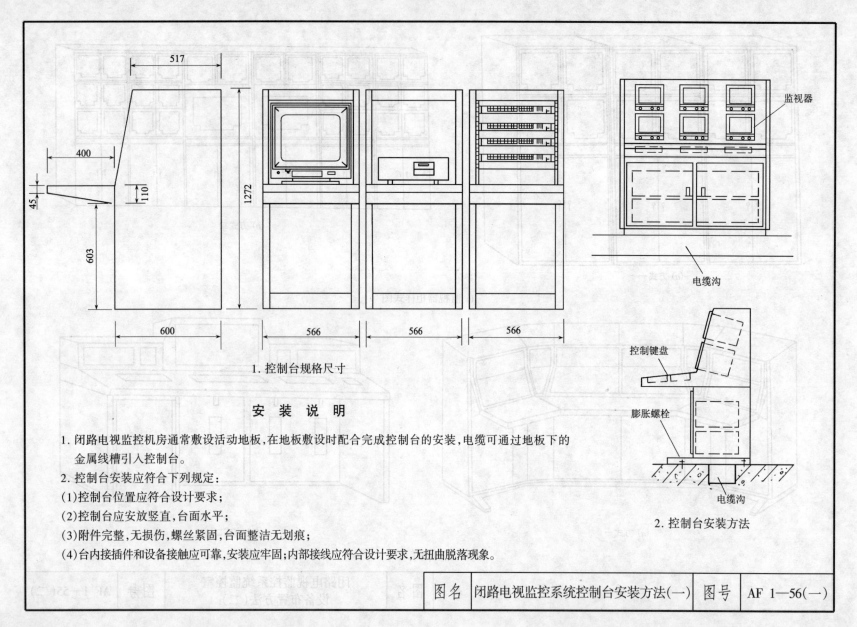

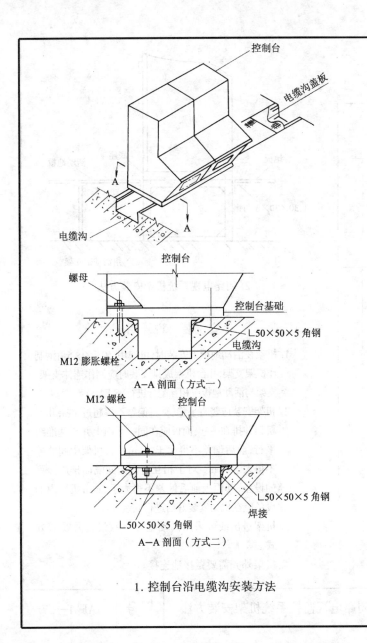

1. 控制台沿电缆沟安装方法

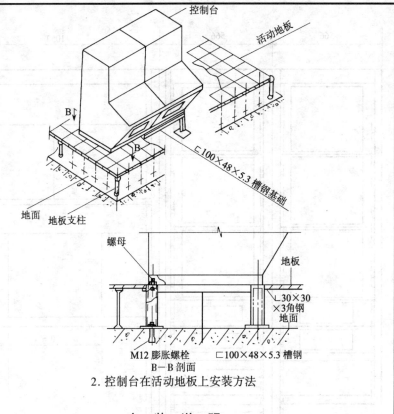

2. 控制台在活动地板上安装方法

安 装 说 明

1. 系统的运行控制和功能操作宜在控制台上进行，其操作部分应方便、灵活、可靠。控制台装机容量应根据工程需要留有扩展余地。
2. 控制台正面与墙的净距不应小于1.2m；侧面与墙或其他设备的净距，在主要走道不应小于1.5m，次要走道不应小于0.8m。
3. 机架背面和侧面距离墙的净距不应小于0.8m。
4. 设备及基础、活动地板支柱要做接地连接。

| 图名 | 闭路电视监控系统控制台安装方法(二) | 图号 | AF1—56(二) |

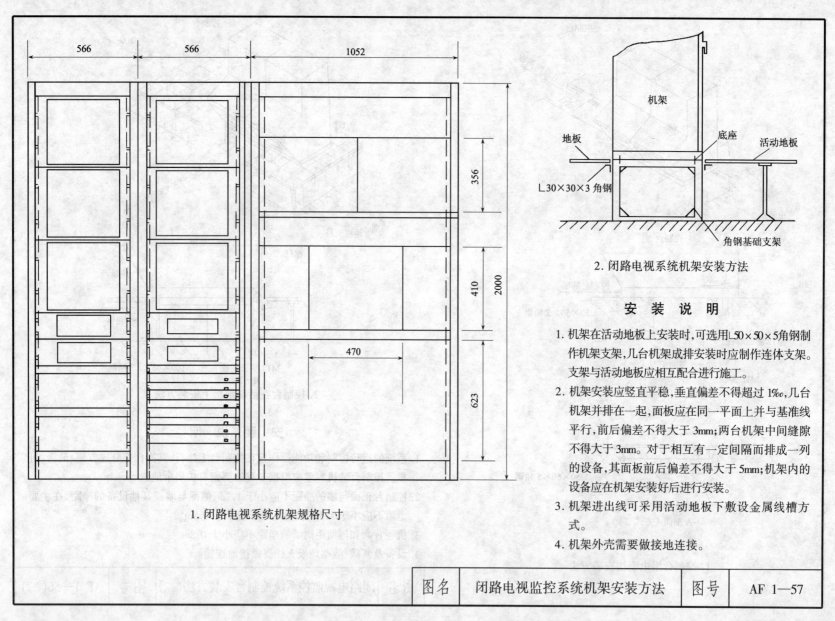

2 防盗报警系统

2. 防盗报警系统

安装说明

本章主要介绍保安及防盗报警系统,适用于各类住宅及公共建筑等安全防范工程。

一、防盗报警系统的基本组成

防盗报警系统是在探测到防范现场有入侵者时能发出报警信号的专用电子系统,一般由探测器(报警器)、传输系统和报警控制器组成,如图 AF 2—1 所示。探测器检测到意外情况就产生报警信号,通过传输系统送入报警控制器发出声、光或以其他方式报警。

图 AF 2—1 防盗报警系统的组成

二、探测器的分类

1. 探测器种类分类

分为开关探测器、振动探测器、红外探测器、微波探测器、激光探测器、视频运动探测器、烟感探测器、温感探测器等。

2. 工作方式分类

分为主动和被动探测器。

1)主动探测器:如红外对射探测器;

2)被动探测器:如室内红外探测器。

3. 警戒范围分类

分为点、线、面和空间探测器。

(1)点型入侵探测器

1)开关入侵探测器:门磁开关、卷闸磁吸等。

2)振动入侵探测器:振动探测器、玻璃破碎探测器等。

(2)直线型入侵探测器

1)红外入侵探测器

a)被动红外探测器:工作时不需向探测现场发出信号,而依靠被测物体自身存在的能量进行检测,如室内或室外红外探测器。

b)主动红外探测器:工作时需向探测现场发出某种形式的能量,经反射或直射在传感器上形成一个稳定信号,当出现危险情况时,稳定信号被破坏,信号处理后,产生报警信号。如红外对射探测器,对射探测器的探测距离一般有 30m、60m、80m、100m、150m、200m(均为室外安装时的探测距离)等。

2)激光入侵探测器

(3)面型入侵探测器

1)幕帘探测器:适合对较小面积的平面进行警戒(如窗、阳台等)。

2)感应电缆:埋地安装,可随被警戒区域的周界变化而变化,形成一堵无形的围墙,适合对大范围或地形复杂的区域周界进行防范。

(4)空间入侵探测器

1)声入侵探测器

a)声控探测器:探测说话、走路等声响的装置。

b)声发射探测器:探测物体被破坏(如摧玻璃、凿墙、锯钢筋)时,发出固有声响的装置称为声发射装置。

2)微波入侵探测器

利用微波容易被物体反射的原理,检测出入侵物体的运动。有的探测器采用红外和微波两种技术进行检测,称为红外/微波双鉴探测器,该探测器的探测距离一般为 5~20m,角度约为 90°~110°,安装高度通常为 2.1~2.3m。

3)视频运动探测器

用摄像机作为探测器,监视所防范的空间,当有目标进入防范区域时,发出报警信号。

三、设备安装方法

1. 现场设备安装

现场设备包括各类探测报警器、读卡机等。

(1)探测报警器

探测器有超声波探测器、微波探测器、主动红外探测器、被动红外探测器、玻璃破碎探测器、微波/被动红外双鉴探测器、超声波/被动红外双鉴探测器等。使用时可根据探测区的不同特点和使用环境选用不同类型、功能、型号的探测器。探测器安装时要先阅读有关说明书,了解探测区域图,探测器的安装位置及高度要能满足保护面积要求。对射式探测器安装时,发射器与接收器要对应,中间不应有阻挡物体。探测器通常配有专用支架,安装时可根据探测器重量选用塑料胀管和螺钉、膨胀螺栓等进行安装;在吊顶上嵌入安装时,要与相关专业配合在吊顶板上开孔。

门磁开关由干簧管件和磁铁件组成,干簧管件安装在门框上,磁铁件安装在门扇上。明装可用螺钉安装,布线可采用阻燃PVC线槽等;暗装应在主体施工时,在门的顶部预埋穿线管及接线盒,并需与相关专业配合在门框及门扇上开孔。导线连接可采用焊接或接线端子连接。

(2)报警按钮安装

报警按钮及脚挑开关等通常安装在桌子下面、墙上等处。

2.竖井设备

在大型建筑楼宇中,保安控制器、控制盘等通常安装在弱电竖井(房)内的墙壁上,可用膨胀螺栓进行安装,安装高度1.4m,盘内进出线可选用金属线槽敷设。

3.线路敷设

保安系统的干线可用钢管或金属线槽敷设,支线可配管敷设,导线敷设时信号线与强电线要分槽、分管敷设。

系统	甲级标准	乙级标准	丙级标准
入侵报警系统	1. 应根据各类建筑安全防范部位的具体要求和环境条件,可分别或综合设置周界防护、建筑物内区域或空间防护、重点实物目标防护系统 2. 应自成网络,可独立运行,有输出接口,可用手动、自动方式以有线或无线系统向外报警。系统除应能本地报警外,还应能异地报警。系统应能与闭路电视监控系统、出入口控制系统联动,应能与安全技术防范系统的中央监控室联网,满足中央监控室对入侵报警系统的集中管理和集中监控 3. 系统的前端应按需要选择、安装各类入侵探测设备,构成点、面、立体或组合的综合防护系统 4. 应能按时间、区域、部位任意编程设防或撤防 5. 应能对设备运行状态和信号传输线路进行检测,能及时发出故障报警并指示故障位置 6. 应具有防破坏功能,当探测器被拆或线路被切断时,系统能发出报警 7. 应能显示和记录报警部位和有关警情数据,并能提供与其他子系统联动的控制接口信号 8. 在重要区域和重要部位发出报警的同时,应能对报警现场的声音进行核实	1. 应根据各类建筑安全技术防范管理的具体要求和环境条件,分别或综合设置周界防护、建筑物内区域或空间防护、重点实物目标防护系统 2. 应自成网络,独立运行,有输出接口,可用手动、自动方式以有线或无线系统向外报警。系统除应能本地报警外,还应能异地报警。系统应能与闭路电视监控系统、出入口控制系统联动,应能与安全防范系统的中央监控室联网,满足中央监控室对入侵报警系统进行集中管理和控制的有关要求 3. 系统的前端应按需要选择、安装各类入侵探测设备,构成点、面、立体或组合的综合防护系统 4. 应能按时间、区域、部位任意编程设防或撤防 5. 应能对设备运行状态和信号传输线路进行检测,能及时发出故障报警并指示故障位置 6. 应具有防破坏功能,当探测器被拆或线路被切断时,系统能发出报警 7. 应能显示和记录报警部位和有关警情数据,并能提供与其他子系统联动的控制接口信号 8. 在重要区域和重要部位发出报警的同时,还应能对报警现场的声音进行核实	1. 应根据各类建筑安全技术防范管理的需要和环境条件,分别或综合设置周界防护、建筑物内区域或空间防护、重点实物目标防护系统 2. 应自成网络,独立运行,有输出接口,可用手动、自动方式以有线或无线系统向外报警。系统除应能本地报警外,还应能异地报警,并能向管理中心提供决策所需的主要信息 3. 系统的前端应按需要选择、安装各类入侵探测设备,构成点、面、立体或组合的综合防护系统 4. 应能按时间、区域、部位任意编程设防或撤防 5. 应能对设备运行状态和信号传输线路进行检测,能及时发出故障报警并指示故障位置 6. 应具有防破坏功能,当探测器被拆或线路被切断时,系统能发出报警 7. 应能显示和记录报警部位和有关警情数据,并能提供与电视监控子系统联动的控制接口信号 8. 在重要区域和重要部位发出报警的同时,系统应能对报警现场的声音进行核实

注:智能建筑中各智能化系统应根据使用功能、管理要求和建设投资等划分为甲、乙、丙三级(住宅除外),且各级均有可扩性、开放性和灵活性。智能建筑的等级按有关评定标准确定。

图名	智能建筑防盗报警系统设计标准	图号	AF 2—1

报警器名称		警戒功能	工作场所	主 要 特 点	适于工作的环境及条件	不适于工作的环境及条件
微波	多普勒式	空间	室内	隐蔽,功耗小,穿透力强	可在热源、光源、流动空气的环境中正常工作	机械振动,有抖动摇摆物体、电磁反射物、电磁干扰
	阻挡式	点、线	室内、外	与运动物体速度无关	室外全天候工作,适于远距离直线周界警戒	收发之间视线内不得有障碍物或运动、摆动物体
红外线	被动式	空间、线	室内	隐蔽,昼夜可用,功耗低	静态背景	背景有红外辐射变化及有热源、振动、冷热气流、阳光直射、背景与目标温度接近,有强电磁干扰
	阻挡式	点、线	室内、外	隐蔽,便于伪装,寿命长	在室外与围栏配合使用,做周界报警	收发间视线内不得有障碍物,地形起伏、周界不规则,大雾、大雪恶劣气候
超声波		空间	室内	无死角,不受电磁干扰	隔声性能好的密闭房间	振动、热源、噪声源、多门窗的房间,温湿度及气流变化大的场合
激光		线	室内、外	隐蔽性好,价高,调整困难	长距离直线周界警戒	(同阻挡式红外报警器)
声 控		空间	室内	有自我复核能力	无噪声干扰的安静场所与其他类型报警器配合作报警复核用	有噪声干扰的热闹场合
监控电视(CCTV)		空间、面	室内外	报警与摄像复核相结合	静态景物及照度缓慢变化的场合	背景有动态景物及照度快速变化的场合
双技术报警器		空间	室内	两种类型探测器相互鉴证后才发出报警,误报极小	其他类型报警器不适用的环境均可用	强电磁干扰

图名	各种防盗报警器的工作特点	图号	AF 2—2

		超声传感器	有源红外传感器	无源红外传感器	电子垫开关	垫 开 关	脚踏开关	拉线开关	无线触摸开关
最适当的安装地点		多用于大楼、医院、商店、餐厅及其他门占地较宽的地方	多用于大楼、商店及其他门占地窄的地方	多用于大楼、商店	多用于大楼和商店的进口	多用于大楼、商店的进口	医院手术室、实验室、研究设施、工厂	工厂进出口	出入口面临公共通道的地方
安装位置		顶棚	横窗	顶棚 横窗	地板下	地板上	墙、地板上	顶棚、墙	门边
规格	特点	(a)检测移动和固定物体 (b)可调检测距离 (c)检测后一定时间连续工作	(a)窄门也很有效 (b)可调检测角 (c)可调检测范围	(a)可调检测范围 (b)净空检测范围	(a)从外面看不到机械部分 (b)耐气候性、耐久性好 (c)净空检测范围	净空检测范围	门不能用手打开以保持卫生	净空检测,可从工作车上操纵	传感范围小,可以省掉门边不必要的开闭动作
	检测范围	检测距离 1～3m (可调)	检测距离 2.5m 检测范围：直径2m水平面	安装高度：最大5m 检测范围：1m×2.4m (安装高度为3m时)	垫上(0.5m×0.6m或 0.6m×1.2m)	垫上(0.5m×0.7m)或 0.7m×1.0m	—	—	—
	检测方法	超声波的反射	红外线的反射	人体热量	静电量的变化	重量	脚踏压力(半自动)	拉线(半自动)	按一下触摸板

图名	自动门探测传感器的工作特点	图号	AF 2—3

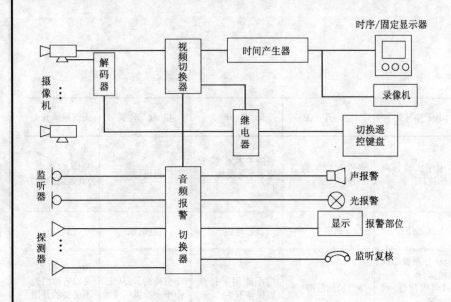

(3)门磁开关:安装在重要单元的大门、阳台门和窗户上。当有人打开单元的大门或窗户时,门磁开关将立即将这些动作信号传输给报警控制器进行报警。

(4)玻璃破碎探测器:主要用于周界防护,安装在窗户和玻璃门附近的墙上或顶棚上。当窗户或阳台门的玻璃被打破时,玻璃破碎探测器将探测到玻璃破碎的声音信号传送给报警控制器进行报警。

(5)红外探测器和红外/微波双鉴探测器:用于区域防护,当有人非法侵入后,红外探测器通过探测到人体的温度来确定有人非法侵入,红外/微波双鉴探测到人体的温度和移动来确定有人非法侵入,并将探测到的信号传输给报警控制器进行报警。

(6)紧急报警按钮:主要安装在人员流动比较多的位置,以便在遇到意外情况时可按下紧急报警按钮向保安部门或其他人进行紧急呼救报警。

(7)报警扬声器和警铃:在探测器探测到意外情况并发出报警时,报警探测器能通过报警扬声器和警铃来发出报警声。

(8)报警指示灯:主要安装在门外的墙上,当报警发生时,可让来救援的保安人员通过报警指示灯的闪烁迅速找到报警地点。

2. 设计举例

(1)在建筑物周界围墙上设置主动红外对射探测器,防止有人从围墙进入。

(2)在总经理室、财务室设置360°吸顶式红外探测器。当总经理或财物人员不在房内时保安人员可启动红外探测器,有人恶意窜入时,保安中心将自动报警。在总经理和财务室办公桌下设置脚挑紧急报警按钮,用以受到威胁的报警,此报警会自动通知保安中心。

安 装 说 明

防盗报警系统是采用不同类型的探测器等,在建筑物中根据不同位置的重要程度和风险等级要求以及现场条件,进行周边界和内部区域保护。

1. 常用防盗报警系统设备

(1)集中报警控制器:通常设置在大厦的保安中心,保安人员可以通过该设备对保安区域内各位置的报警控制器的工作情况进行集中监视。通常该设备与计算机相连,可随时监控各子系统工作状态。

(2)报警控制器:通常安装在各单元大门内附近的墙上,以方便有控制权的人在出入单元时进行设防(包括全布防和半布防)和撤防的设置。

| 图名 | 防盗报警系统示意图 | 图号 | AF 2—4 |

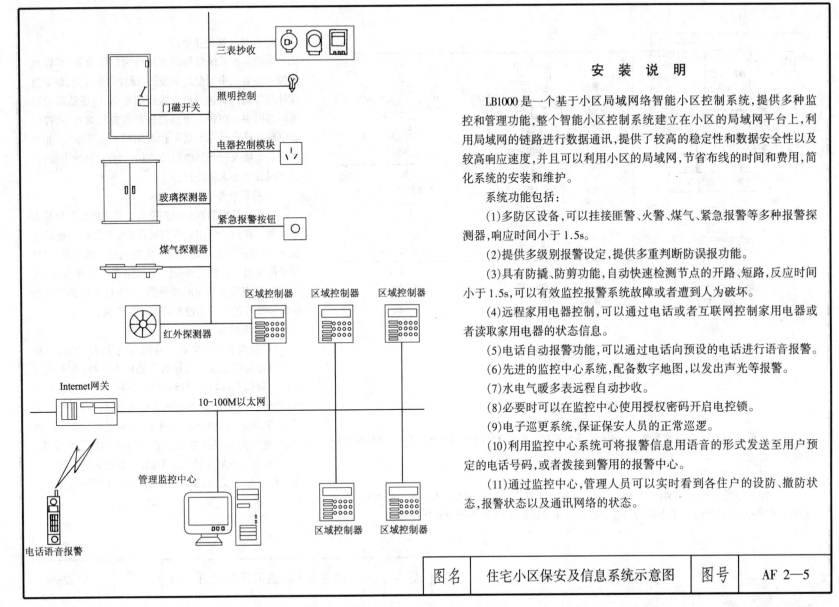

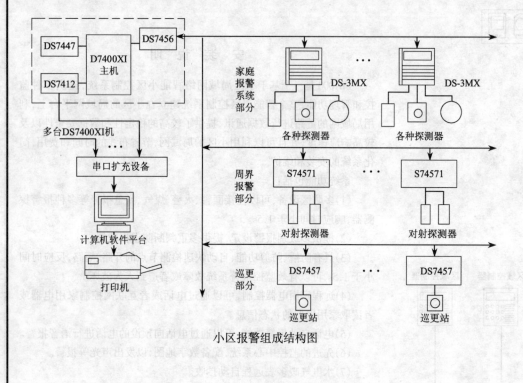

小区报警组成结构图

2.公共区域巡更系统

实时巡更系统使用巡更站作为巡更设备,可以在监控中心电脑中制定巡更线路,设置巡更计划,保安员在计划时间内到达巡更点操作巡更站,巡更站通过智能网络向中心报告巡更点位置和保安员编号,监控中心电脑自动记录巡更员到达时间和保安员编号,如果保安员未能及时到达巡更站,则电脑会自动发出警告,提醒保安中心人员注意。

3.周界报警系统

主动红外探测器是用来警戒建筑物周边的最基本探测器。在户外使用的探测器有非常严格的环境适应要求,因此报警器材的选用一定要选择知名品牌,以尽量降低误报。在此之外,还应根据不同的使用要求,选用2束、4束等复数量的探测器,目的是不致于使其他小的物品等的遮挡而使探测器产生误报。

4.系统功能

(1)管理小区的保安人员的巡更状况;(2)接收显示周界报警信息;(3)可接收家庭的布/撤防及不同防区的报警信息;(4)管理所有用户资料;(5)实时监控系统线路安全状态;(6)查询历史报警事件;(7)可绘制电子地图,在地图上表示所有家庭,还可进行地图之间跳转,方便在大范围区域显示各级地图和所有的家庭;(8)可对每个家庭单独绘制平面图,方便处理报警;(9)多媒体工作方式,当收到报警信号时,可用语音提示警情;(10)提供二次开发接口及联动输出口。

安 装 说 明

系统主要由家庭防盗报警系统、公共区域巡更系统、周界报警系统及小区总线控制报警通讯管理系统组成。

1.家庭防盗报警系统

家庭防盗报警系统由控制器、各种探测器、报警器等组成。当用户防盗报警系统报警时,除了在现场报警外,还需要向住宅小区的保安中心进行联网报警,以便警情得到迅速处理。

| 图名 | 住宅小区防盗报警系统图 | 图号 | AF 2—6 |

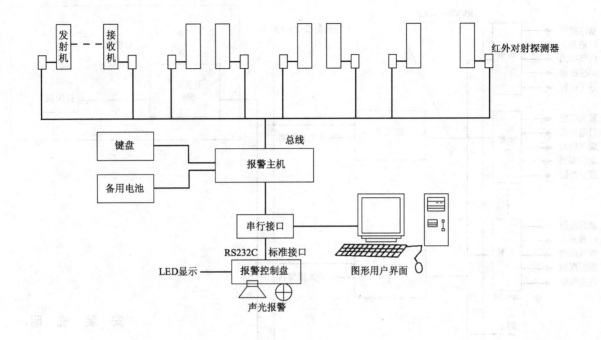

安 装 说 明

建立周界防范报警系统,是在小区或楼宇周界安装红外对射探测器。在保安中心通过地址式报警主机进行管理。通常将对射探测器安装在室外围墙上,红外对射探测器的工作原理是利用光束遮断方式进行报警的探测器,当有人横跨过监控防护区时,遮断不可见的红外线光束而引发警报。信号传送到保安中心,接收设备显示报警位置并产生声光报警,提醒值班保安人员注意,同时显示报警区域,计算机软件同时记录相关信息。红外对射探测器总是成对使用的,包括一个发射及一个接收。发射机发出一束或多束人眼无法看到的红外光,形成警戒线,当有物体通过,光线被遮挡,接收机信号发生变化,放大处理后报警。红外对射探测器要选择合适的响应时间,太短容易引起不必要的干扰,如小鸟飞过,小动物穿过等;太长会发生漏报。通常以10m/s的速度来确定最短遮光时间。若人的宽度为20cm,则最短遮断时间为20ms。大于20ms报警,小于20ms不报警。

图名	住宅小区周界防盗报警系统图	图号	AF 2—7

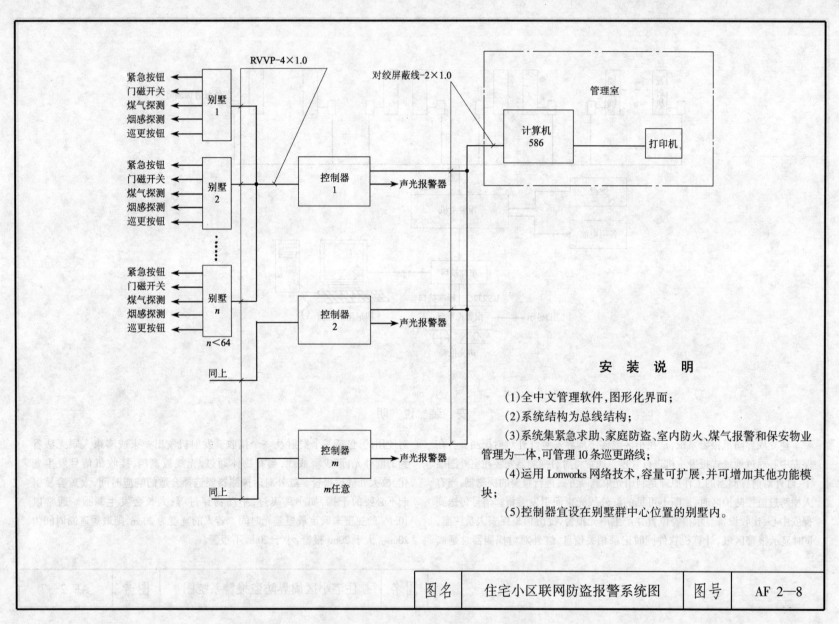

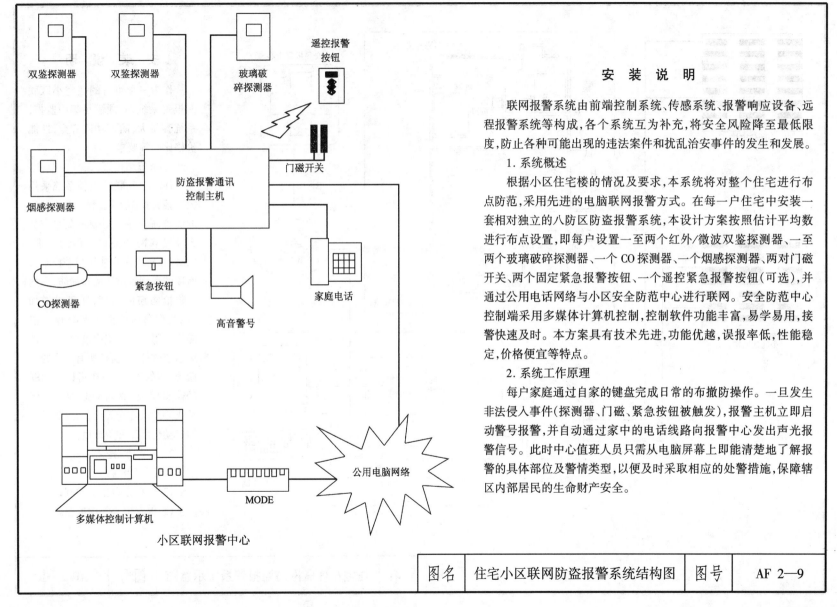

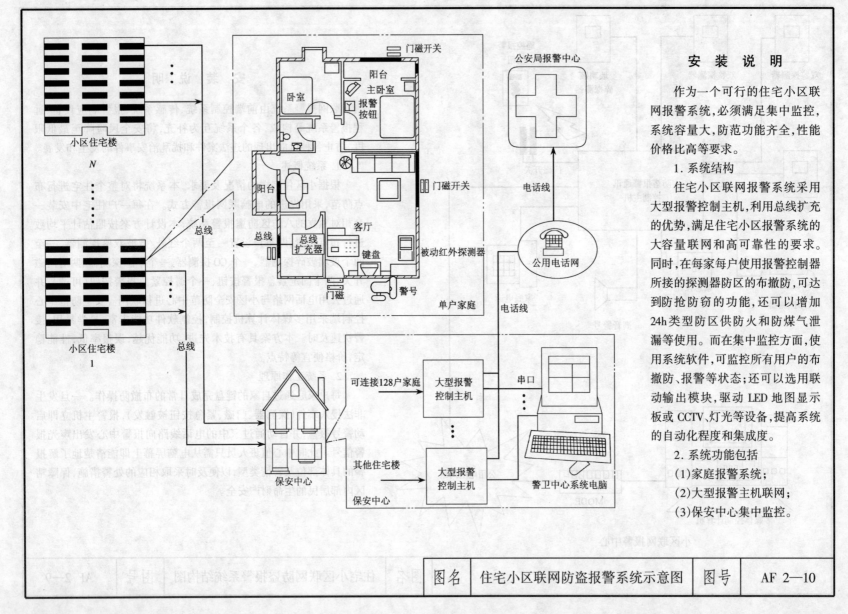

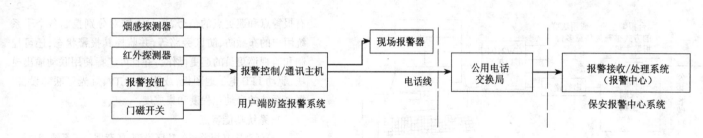

1. 防盗报警系统图

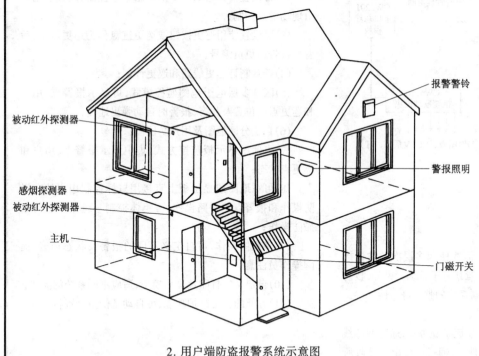

2. 用户端防盗报警系统示意图

系 统 说 明

用户端报警系统使用键盘操作防盗主机,系统处于布撤防状态,各种探测器处于工作状态。常见的探测器种类有:

(1)探测非法入侵的移动探测器,可分为被动红外探测器,微波/被动红外双鉴探测器等。主要用于大厅、室内、走道等大面积的报警。

(2)探测周边的门磁开关。主要用于门、窗的报警。

(3)探测打破玻璃的玻璃破碎探测器。主要用于大面积窗的报警。

(4)探测振动的振动探测器。主要用于保险柜、金库等防止撬凿的报警。

(5)探测烟雾的感烟探测器。适用于火灾报警。

(6)报警按钮。适用于各种场合,尤其银行等重要部门的人工报警。

(7)对射式主动红外探测器。主要用于围墙、走廊及大片窗等的报警。

以上各种类型探测器可按实际需要适当地选择。

| 图名 | 用户端防盗报警系统示意图 | 图号 | AF 2—11 |

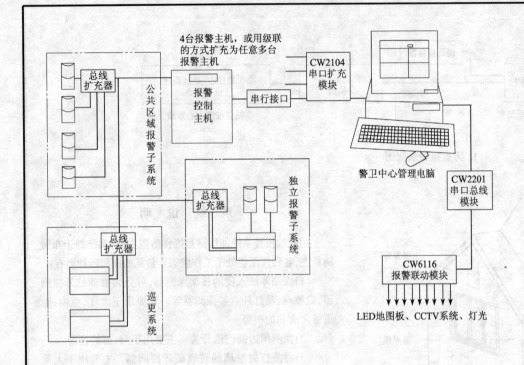

有报警点和巡更点的信号,通过电脑对分别控制各个子系统用户的布撤防、防区旁路等,并监控其报警状态;还可控制和监视巡更员的巡更操作。并且可选择使用联动输出模块,驱动 LED 电子地图板,或驱动 CCTV、灯光等联动设备,提高系统的自动化程度和集成度。

2. 系统功能特点
(1)任意定义报警点的防区类型,任意划分子系统用户;
(2)可设置公共区域用户由电脑集中控制,或独立用户由现场键盘控制;
(3)可设置使用巡更按钮或巡更键盘作为巡更设备,后者可报告巡更员编号;
(4)任意制订巡更线路和巡更计划;
(5)区分多层电子地图监控模式,可显示报警点、用户和巡更点的位置及状态,报警时自动弹出地图;
(6)自绘分区地图及用户防区图;
(7)可使用显示板监控方式,集中显示报警点、用户和巡更点状态;
(8)可在地图或显示板上直接用鼠标控制用户的布撤防操作和报警点的旁路操作,可集体控制一组用户进行布撤防操作;
(9)多媒体操作,可自定义不同的报警及状态声音,提醒操作员注意;
(10)自定义的打印及显示模块,适应不同系统的需要;
(11)方便的系统维护功能,可自动备份报警资料。

安 装 说 明

博物馆、展览馆的保安系统中,防盗报警系统是最为重要的,需要使用多层次的防盗措施。而且,因为馆区较多且需要分别控制布撤防,因此系统要能任意划分子系统。另外,技防人防双结合也是必要的,因此在报警系统中集成巡更系统可以提高系统的整体可靠性。

1. 系统结构
博物馆、展览馆巡更报警系统是采用大型报警主机,利用总线防区扩充方式,通过两芯线即可连接所有的报警点和巡更点。在保安监控中心,使用系统软件,可通过电脑串口接收所

| 图名 | 博物馆、展览馆防盗报警及巡更系统方案示例 | 图号 | AF 2—12 |

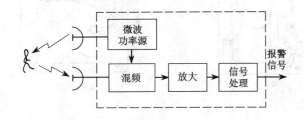

1. 微波探测器方框图

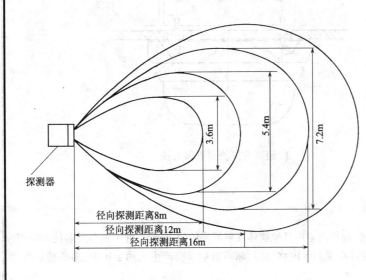

2. 微波探测器探测区域图（TC-8型）

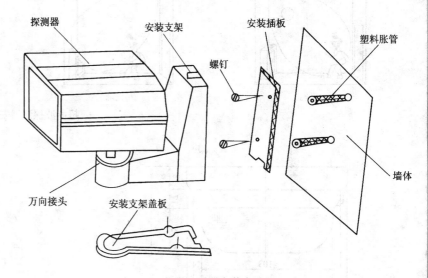

3. 微波探测器安装方法

安 装 说 明

微波探测器有如下特点：利用金属物体对微波有良好反射特性，可采用金属板反射微波的方法，扩大报警器的警戒范围；利用微波对介质（如较薄的木材、玻璃、墙壁等）有一定的穿透能力，可以把微波探测器安装在木柜或墙壁里，以利于伪装；微波探测器灵敏度很高，故安装微波探测器尽量不要对着门窗，以免室外活动物体引起误报警。

| 图名 | 微波探测器安装方法 | 图号 | AF 2—13 |

(a)正确

(b)正确

(c)不正确

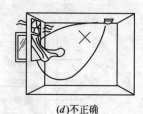
(d)不正确

1. 超声波探测器安装示意图

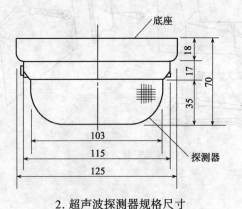

2. 超声波探测器规格尺寸

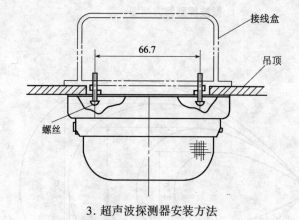

3. 超声波探测器安装方法

安 装 说 明

1. 超声发射器发射 25～40kHz 的超声波充满室内空间,超声接收机接收从墙壁、顶棚、地板及室内其他物体反射回来的超声能量,并不断与发射波的频率加以比较。当室内没有移动物体时,反射波与发射波的频率相同,不报警;当入侵者在探测区内移动时,超声反射波会产生大约 ±100Hz 多普勒频移,接收机检测出发射波与反射波之间的频率差异后,即发出报警信号。
2. 超声波探测器容易受风和空气流动的影响,因此安装超声波探测器时,不要靠近排风扇和暖气设备。
3. 配管可选用 φ20 电线管和接线盒在吊顶内敷设,并用金属软管与探测器进行连接用于导线的保护。

| 图名 | 超声波探测器安装方法 | 图号 | AF 2—14 |

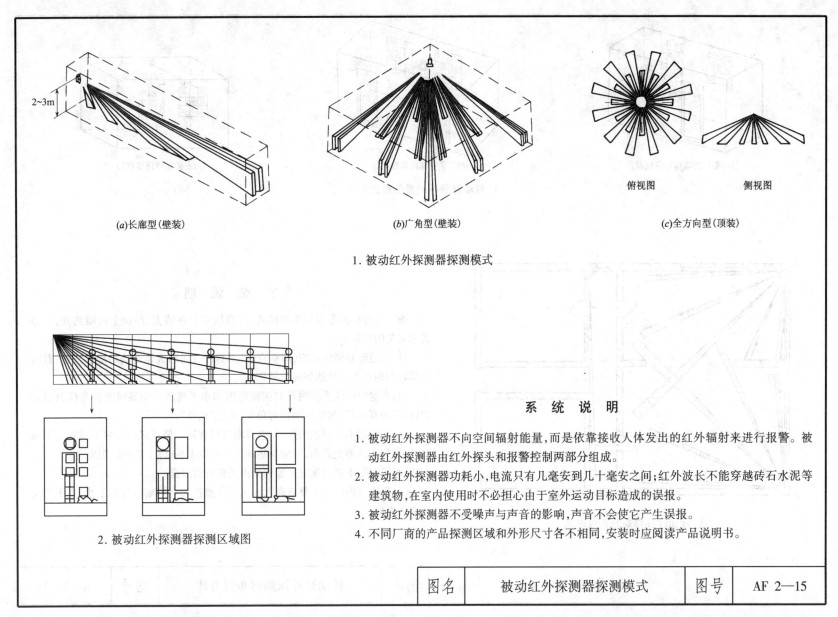

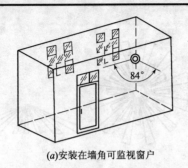
(a)安装在墙角可监视窗户

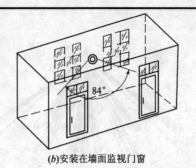
(b)安装在墙面监视门窗

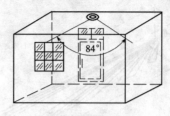
(c)安装在吊顶监视门

1. 被动红外探测器的布置方法

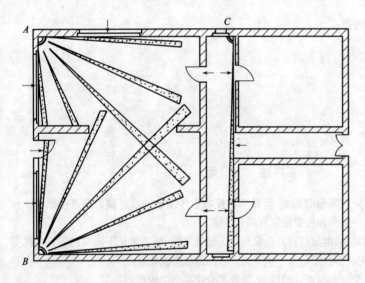

2. 被动红外探测器布置示例

安 装 说 明

被动红外探测器根据探测模式,可直接安装在墙上、吊顶上或墙角处,其布置和安装的原则如下:

(1)探测器对横向切割(即垂直于)探测区方向的人体运动最敏感,故布置时应尽量利用这个特性达到最佳效果。

(2)布置时要注意探测器的探测范围和水平视角。安装时要注意探测器的窗口(菲涅耳透镜)与警戒的相对角度,防止"死角"。

(3)探测器不要对准加热器、空调出风口管道。警戒区内最好不要有空调或热源,如果无法避免热源,则应与热源保持至少1.5m以上的间隔距离。

(4)探测器不要对准强光源和受阳光直射的门窗。

(5)警戒区内注意不要有高大的遮挡物遮挡和电风扇叶片的干扰,也不要安装在强电处。

| 图名 | 被动红外探测器布置方法 | 图号 | AF 2—16 |

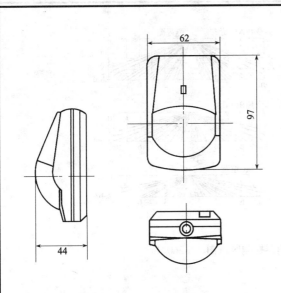

1. 被动红外探测器规格尺寸

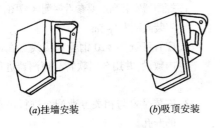

(a) 挂墙安装　　(b) 吸顶安装

2. 被动红外探测器安装方法

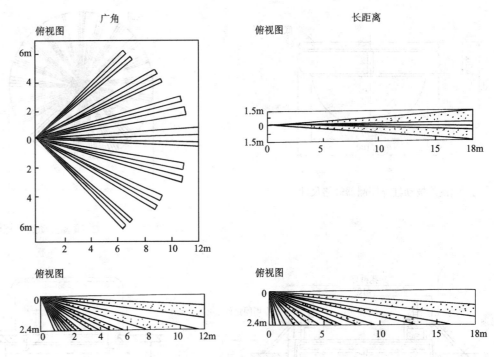

3. 被动红外探测器探测区域图（RX-40QZ 型）

安 装 说 明

1. 探测器配有专用支架,安装时可用塑料胀管和螺钉固定支架在墙上或顶棚上,然后接线并调整探测器角度。
2. 不同厂商的产品探测区域和外形尺寸有所不同,安装时应阅读产品说明书。探测器安装高度通常为 1～3m,具体高度由工程设计确定。
3. 管线敷设暗配时可选用 φ20 钢管及接线盒,明配可选用阻燃 PVC 线槽等。

| 图名 | 被动红外探测器安装方法(一) | 图号 | AF 2—17(一) |

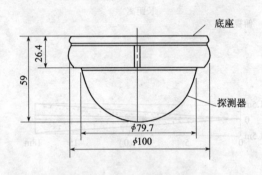

1. 顶装被动红外探测器规格尺寸

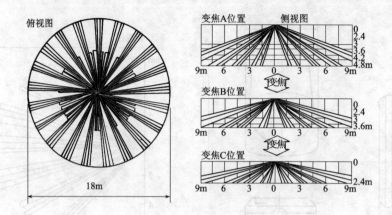

2. 顶装被动红外探测器探测区域图（SX-360Z）

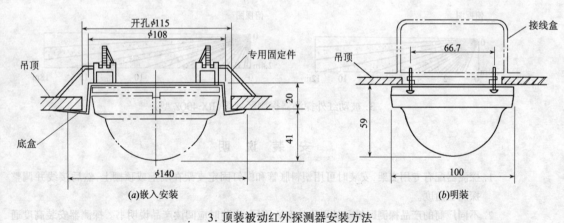

3. 顶装被动红外探测器安装方法

安装说明

1. 探测器安装高度要参看探测区域图，通常安装高度为2～5m。
2. 配管可选用 φ20 钢管和接线盒在吊顶内敷设，并用金属软管与探测器进行连接。
3. 安装时要与相关专业配合进行吊顶板的开孔。

| 图名 | 被动红外探测器安装方法（二） | 图号 | AF2—17(二) |

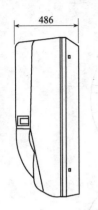
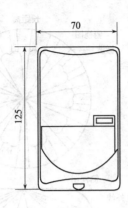

1．双鉴探测器规格尺寸

FA-1W型
挂墙用支架
水平可校+45°
垂直可向下0°～20°

(a)挂墙安装

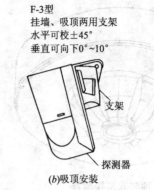

F-3型
挂墙、吸顶两用支架
水平可校±45°
垂直可向下0°～10°

(b)吸顶安装

3．双鉴探测器安装方法

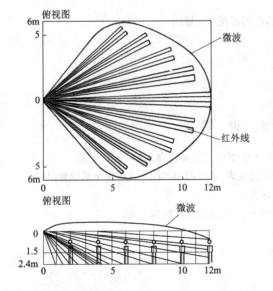

2．双鉴探测器探测区域图（DX-40PLUS型）

安 装 说 明

1. 双鉴探测器目前主要产品有微波/被动红外和超声波/被动红外双技术产品，双鉴探测器的使用可大大降低误报率。
2. 布置和安装双鉴探测时，要求在警戒范围内将两种探测的灵敏度尽可能保持均衡。微波探测器一般对沿轴向移动的物体最敏感，而被动红外探测则对横向切割探测区的人体最敏感，因此为使这两种探测都处于较敏感状态，在安装微波/被动红外双鉴探测器时，宜使探测器轴线与保护对象的方向成45°夹角为好。
3. 探测器的安装可用塑料胀管和螺钉固定在墙上或顶板上，安装高度通常为1～2.4m，具体高度由工程设计确定。
4. 管线暗配可选用φ20钢管及接线盒，明配可选用阻燃PVC线槽等。

| 图名 | 双鉴探测器安装方法（一） | 图号 | AF 2—18（一） |

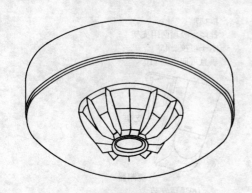

1. 顶装双鉴探测器

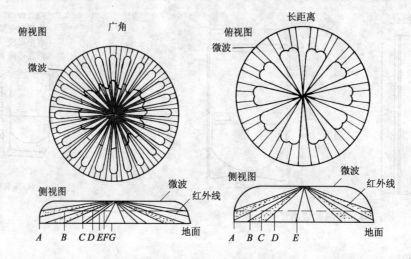

2. 顶装双鉴探测器探测区域图

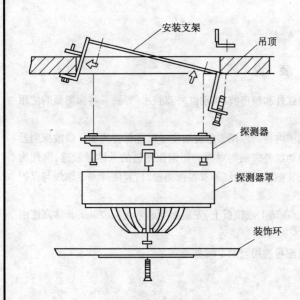

3. 顶装双鉴探测器安装方法

安 装 说 明

1. 顶装双鉴探测器安装在吊顶上,探测视角为360°,安装高度为2.2~5m。
2. 配管可选用φ20电线管及接线盒敷设在吊顶内,连接探测器的导线可用金属软管保护。
3. 安装时要与相关专业配合在吊顶板上开孔。
4. 安装探测器时先将安装支架固定在吊顶板上,然后进行探测器安装。

| 图名 | 双鉴探测器安装方法(二) | 图号 | AF2—18(二) |

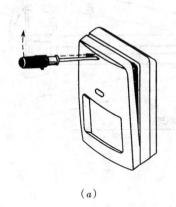
(a)

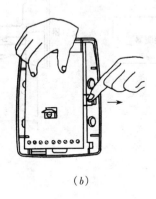
(b)

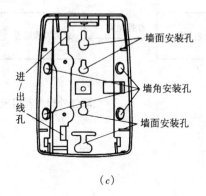
(c)

安 装 说 明

DT-700系列双鉴探测器安装步骤:
1. 用一个小的螺丝刀插入探测器上方的小孔,并压下搭钩,即可打开前盖,如图(a)
2. 取下印刷电路板
将后盖右方的搭钩向外扳,然后轻轻地取下印刷电路板,如图(b)
3. 安装探测器
小心地凿穿后盖上的安装/进线预制孔。并将后盖固定于预定的位置。当探测器的安装高度为2.3m时,探测器的探测范围最大,确保你所希望保护的区域处于探测器的直视范围之内。如果红外线或微波被遮挡,探测器将无法报警。探测器应指向室内,同时应避开窗户、正在运转的机器、萤光灯以及冷热源,如图(c)。

| 图名 | 双鉴探测器安装方法(三) | 图号 | AF 2—18(三) |

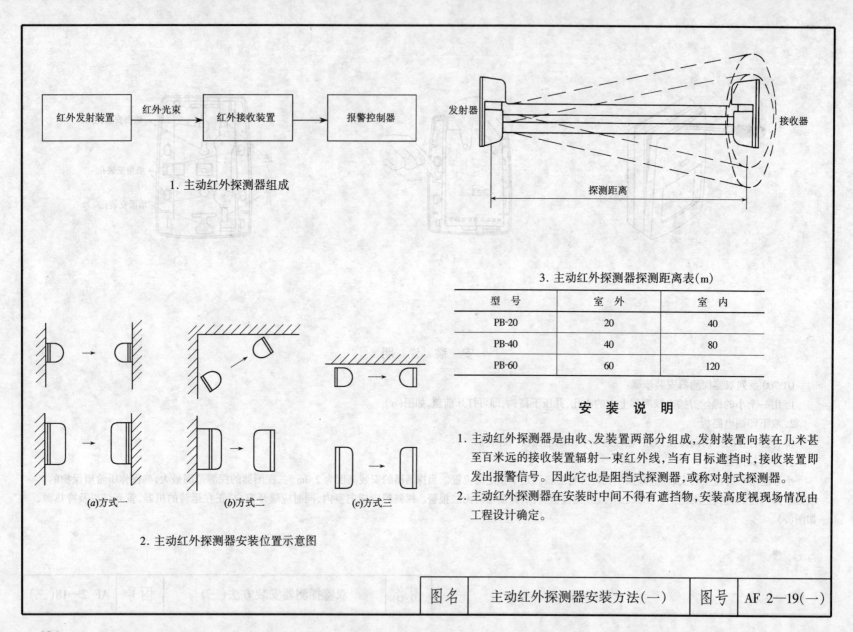

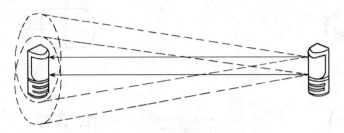

1. 主动红外探测器探测区域

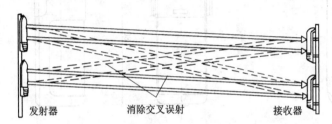

2. 主动红外探测器射束层叠使用方法

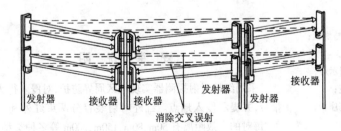

3. 主动红外探测器长距离使用方法

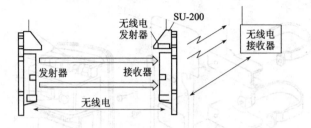

4. 主动红外探测器无线系统

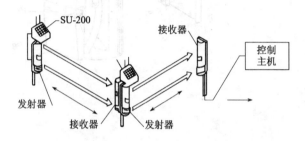

5. 主动红外探测器多套设备使用方法

安 装 说 明

主动红外探测器是点型、线型探测装置,除了用作单机的点警戒和线警戒外,为了在更大范围有效地防范,也可采取多对构成光墙或光网安装方式组成警戒封锁区或警戒封锁网,乃至组成立体警戒区。

| 图名 | 主动红外探测器安装方法(二) | 图号 | AF 2—19(二) |

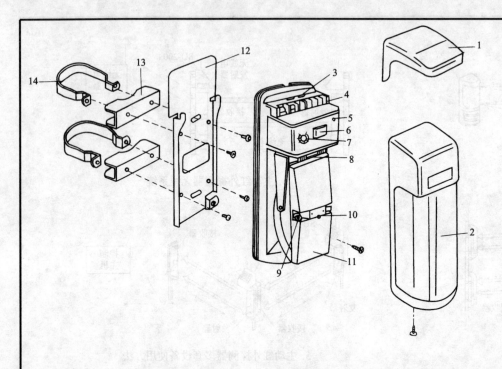
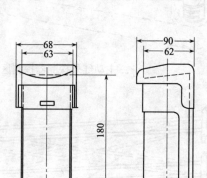

2. 主动红外探测器规格尺寸

1. 发射器
　(1)帽盖；
　(2)上盖；
　(3)本体；
　(4)端子台；
　(5)反破坏开关；
　(6)光束强度指示表；
　(7)反应时间调整钮；
　(8)垂直调整螺丝；
　(9)瞄准孔；
　(10)LED指示灯；
　(11)反射镜；
　(12)金属基座板；
　(13)扣环；
　(14)U形扣。

2. 接收器
　(1)帽盖；
　(2)上盖；
　(3)本体；
　(4)端子台；
　(5)反破坏开关；
　(6)光束强度指示表；
　(7)反应时间调整钮；
　(8)垂直调整螺丝；
　(9)瞄准孔；
　(10)LED指示灯；
　(11)反射镜；
　(12)金属基座板；
　(13)扣环；
　(14)U形扣。

1. 主动红外探测器结构图

安 装 说 明

采用红外对射探测器实现小区周界防护，对侵入行为发出报警，并提示侵入地点。红外对射装置分两束红外和四束红外，每对的有效距离有50m、80m、150m、200m等多种类型，所有对射装置点对点的接入控制器，控制器有8防区、16防区、32防区等各种类型，因此必须根据小区布局和要求进行配置。

| 图名 | 主动红外探测器安装方法（三） | 图号 | AF 2—19(三) |

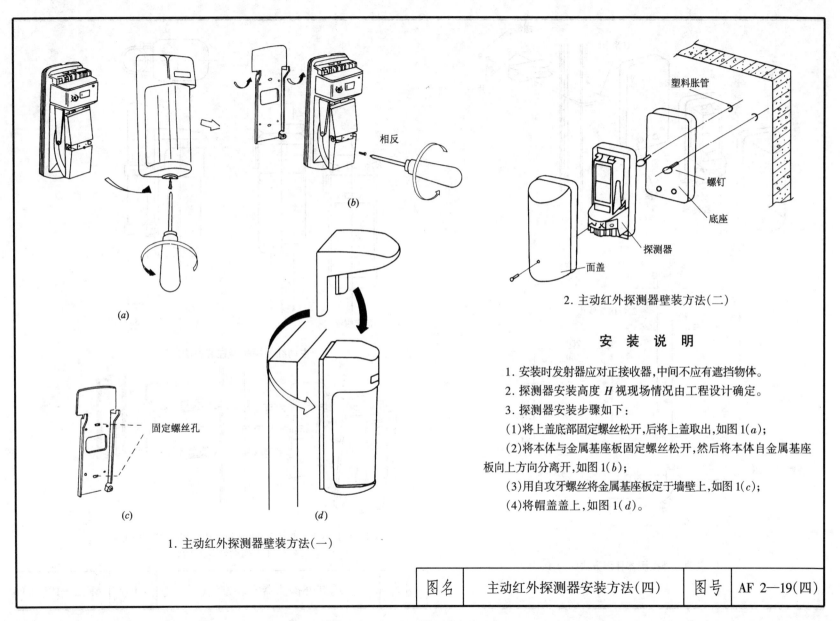

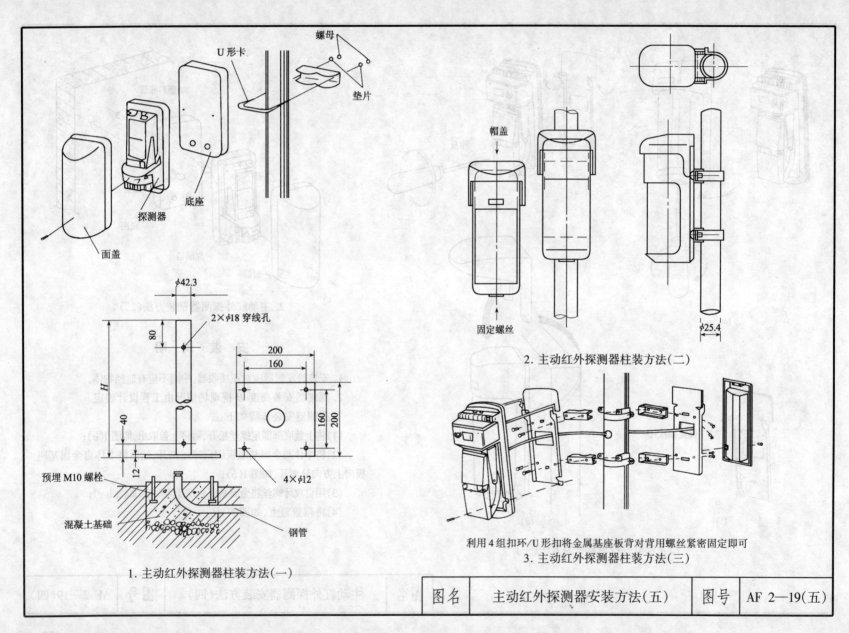

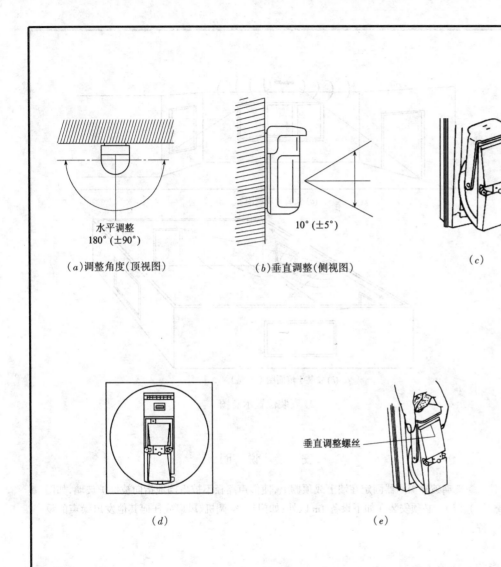

(a)调整角度(顶视图)

水平调整 180°(±90°)

(b)垂直调整(侧视图)

10°(±5°)

(c)

(d)

(e)

垂直调整螺丝

安 装 说 明

光轴调整方法

1. 检查所有之接线是否完毕且正确后,接上电源,确定投光器上绿色 LED 为亮灯状态。
2. 利用上下反射镜中心位置的瞄准孔,开始投光器的光轴校准。

(1)将眼睛置于瞄准孔约 45°角处,对准瞄准孔,如图(c)。

(2)调整投光器之反射罩直到可看到受光器之中心点,如图(d)。

(3)利用手旋转本体调整左右位置,利用垂直调整螺丝做上下调整,如图(e)。

| 图名 | 主动红外探测器的调整方法 | 图号 | AF 2—20 |

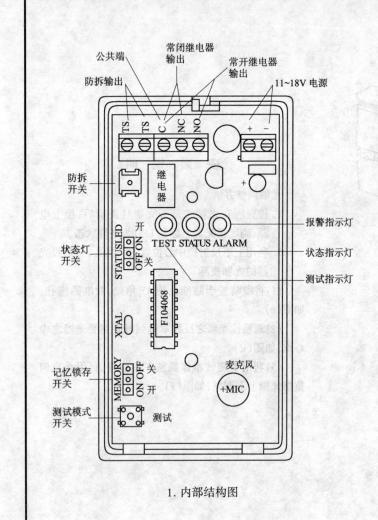

1. 内部结构图

(a) 安装于顶棚图

(b) 安装于墙面图（顶视）

2. 安装位置示意图

安 装 说 明

玻璃破碎探测器固定在墙上或顶棚上,使传声路径不被阻挡地指向被保护玻璃,如图(a)、(b)。必须安装在如下设备1m以外:如门铃、空调机、风扇或任何其他发出噪声的设备。

| 图名 | 玻璃破碎探测器安装方法(一) | 图号 | AF 2—21(一) |

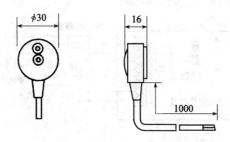

1. 玻璃破碎探测器规格尺寸

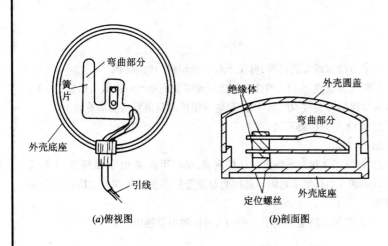

2. 导电簧片式玻璃破碎探测器结构图

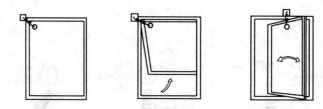

3. 玻璃破碎探测器安装位置示意图

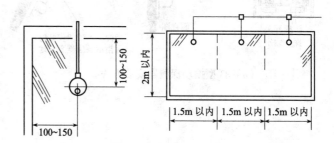

4. 玻璃破碎探测器安装方法

安 装 说 明

1. 粘贴在玻璃面上玻璃破碎探测器有导电簧片式、水银开关式、压电检测式、声响检测式等，不同产品的探测范围有所不同，选用时参看产品说明书。
2. 玻璃破碎探测器的外壳需用胶粘剂粘附在被防范玻璃的内侧。
3. 声音分析式玻璃破碎检测器利用微处理器对声音进行分析，可安装在吊顶、墙壁等处。

| 图名 | 玻璃破碎探测器安装方法（二） | 图号 | AF2—21（二） |

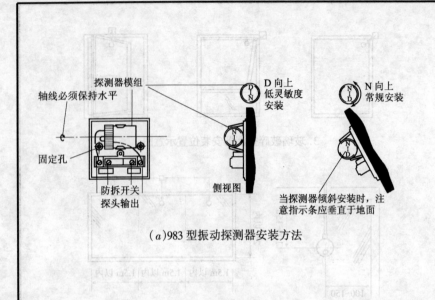

(a)983型振动探测器安装方法

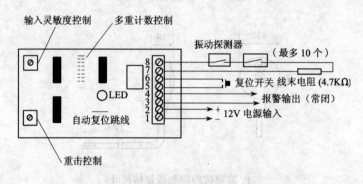

(b)971A型分析器安装方法

安 装 说 明

983型惯性棒振动探测器被广泛用于保护周边和内部环境安全。983探测器由悬挂于两支镀金接触棒之间的镀金惯性棒构成,接触任何一端都可构成封闭回路。探测器因此接收到入侵者的振动冲击并将信息传给分析器。

971A型多重计数分析器专为配合惯性棒和相近类型的振动探测器的使用而设计,采用1至8次多重计数,可调整输入灵敏度和撞击反应强度,并设有锁定记忆装置和复位选择。LED指示传感脉冲,报警输出和报警记忆锁定。

1. 983型探测器安装

如图(a)。

安装方法有较大灵活性,可安于垂直或倾斜的墙壁和屋顶上。

在常规灵敏度(N)下,惯性棒和接触棒安装成90°角;在低灵敏度(D)下,惯性棒和接触棒装成60°角。因此调整灵敏度时只需将探测器旋转180°。

2. 971A型分析器安装

如图(b)。

(1)将端子7和8连接至振动探测器,最多可连接10个探测器,并在线路末端串联4.7kΩ线末电阻。此探测器报警回路必须和探测器防拆回路连接使用。

(2)在报警电路输出端子③和④为常闭继电器输出。

| 图名 | 振动探测器安装方法 | 图号 | AF 2—22 |

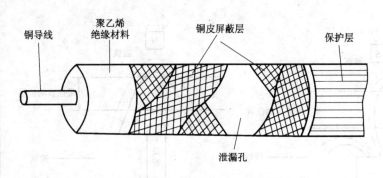

1. 泄漏电缆结构示意图

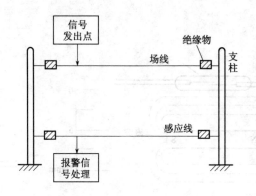

3. 平行线周界报警器构成示意图

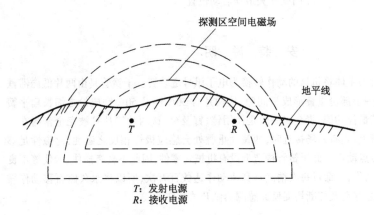

2. 泄漏电缆埋入地下及产生空间场的示意图

安 装 说 明

泄漏电缆埋入地下,可随被警戒区域的周界变化而变化,形成一堵无形的围墙,适合对大范围或地形复杂的区域周界进行防范。

图名	泄漏电缆报警及平行线式报警器安装方法	图号	AF 2—23

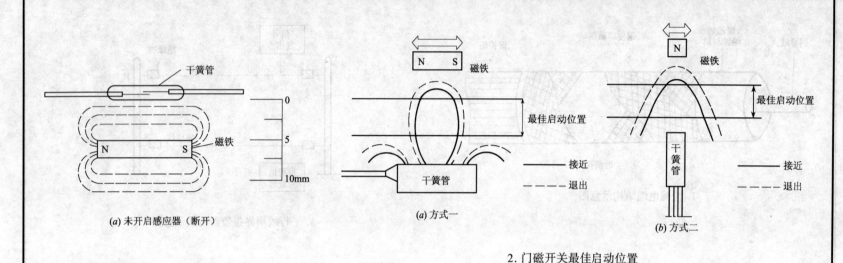

2. 门磁开关最佳启动位置

安 装 说 明

门磁开关是由干簧管为主体将机械的动作转换为电子讯号之装置。干簧管是由两片低磁滞铁性簧片,平行放置尾部有一小部份重叠形成一间隙,这两片含50％镍及50％铁成份之细长扁平簧片会镀上贵金属以确保其最佳功能,贵金属一般是使用铑、钌及金,这两片簧片是被完全密封在一支充入惰性气体的玻璃管上,当有磁场接近时,两簧片重叠处会感应极性相反之磁性,此磁性足够大时就会相吸形成一个接点动作。此干簧管构造上没有机械式零件,因此不会有插住、卡住等不良发生,这种几乎无障碍之动作,寿命可每次精确且高速动作达数百万次,所以将永久磁石移动作靠近干簧管就会引动,磁场之存在及切断均促使此感测器做开关动作。

1. 门磁开关的工作状态

| 图名 | 门磁开关工作原理 | 图号 | AF 2—24 |

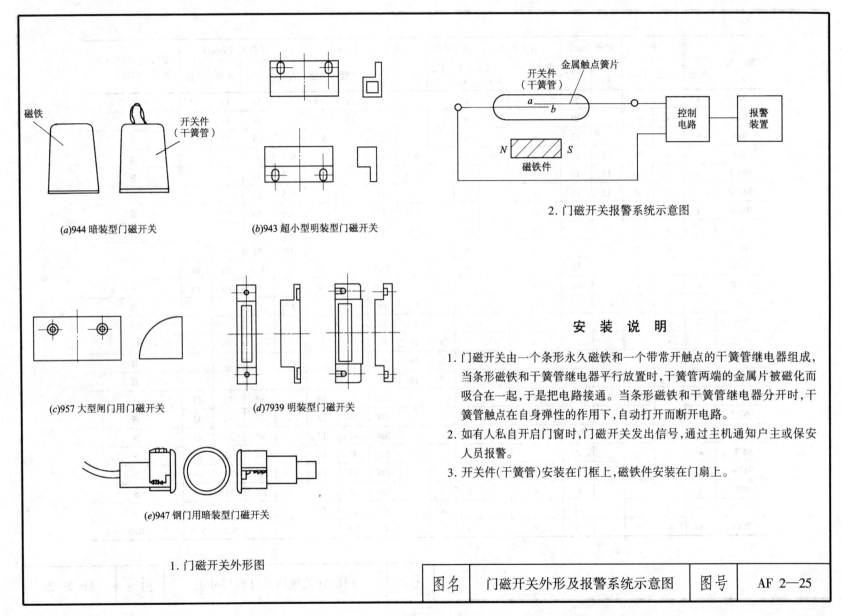

型号	颜色			缝距(mm)		开关形式		额定电流		开关件尺寸(mm)				磁铁件尺寸(mm)				安装形式(S=明装 R=暗装)
	灰色	白色	棕色	端至端	平行	单刀单掷(闭路)	单刀双掷	0.1(A)	0.2(A)	直径	长度	宽度	高度	直径	长度	宽度	高度	
7939	×	×	×	22		×		×			64	13	14		64	13	13	S
940	×	×	×		19	×		×			41	13	13		41	13	13	S
943	×	×	×		13	×		×			25	13	6.3		25	13	6.3	S
944	×	×	×	13	19	×	×	×		9.5	33			9.5	33			R
944-2	×	×	×	13	19		×		×	9.5	33			9.3	33			R
944SP	×	×	×	13	19	×		×		19	49			9.5	33			R
944W	×	×	×	22	32	×		×		6.5	33			9.5	40			R
947		×	×		19	×		×		25	33			25	40			R
947-75		×	×		19	×		×		19	33			16	40			R
950	×		×		32	×		×		10.5	16	16		105	16	16		S
950W	×		×		44	×		×		10.5	16	16		105	16	16		S
951		×	×	9.5		×		×		9.5	16			9.5	13			R
955		×	×			×		×		13	38							R/S
955-2		×					×		×	13	38							R/S
956-2		×					×		×	16	41							R
956-B		×	×				×		×	16	38							R
957	×				25	×		×			108	43	13		95	33	43	S
957-2	×				25		×		×		108	43	13		95	33	43	S
957-2L	×				25		×		×		108	43	13		95	33	43	S
957L	×				25	×		×			108	43	13		95	33	43	S
957W	×				51	×		×			108	43	13		95	33	43	S
958	×				51	×		×			108	43	13		102	51	51	S
958-2	×				51		×		×		108	43	13		102	51	51	S
7940	×	×	×		51	×		×		43	9.5	9.5		43	9.5	9.5		R/S

图名: 门磁开关规格及外形尺寸表　　图号: AF 2—26

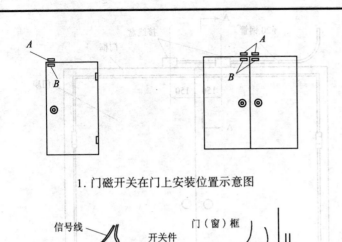
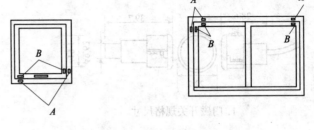

1. 门磁开关在门上安装位置示意图

2. 门磁开关在窗上安装位置示意图

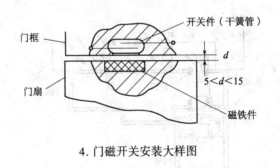

3. 明装门磁开关安装方法

4. 门磁开关安装大样图

安 装 说 明

1. A 为开关件安装在门(窗)框上, B 为磁铁件安装在门(窗)扇上。
2. 门磁开关安装明配管线可选用阻燃 PVC 线槽, 报警控制部分的布线图应尽量保密, 连线接点要接触可靠。

| 图名 | 门磁开关安装方法(一) | 图号 | AF 2—27(一) |

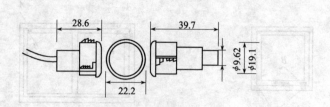

1. 门磁开关规格尺寸

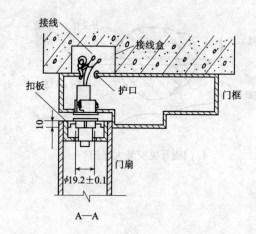

A—A

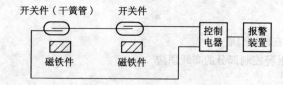

3. 双扇门门磁开关串联接线图

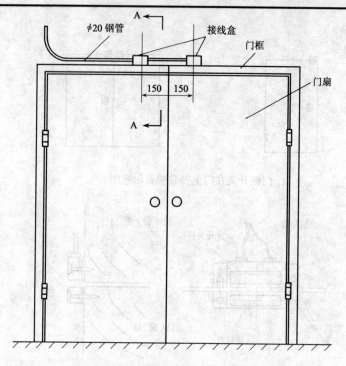

2. 门磁开关安装方法(标准双扇钢制门)

安 装 说 明

1. 钢制门上安装门磁开关,在安装位置处要补焊扣板。
2. 木制门上安装门磁开关,可用乳胶辅助粘接。
3. 门扇钻孔深度不小于40mm,门框钻通孔,钻孔时要与相关专业配合。
4. 接线可使用接线端子压接或焊接。

| 图名 | 门磁开关安装方法(二) | 图号 | AF 2—27(二) |

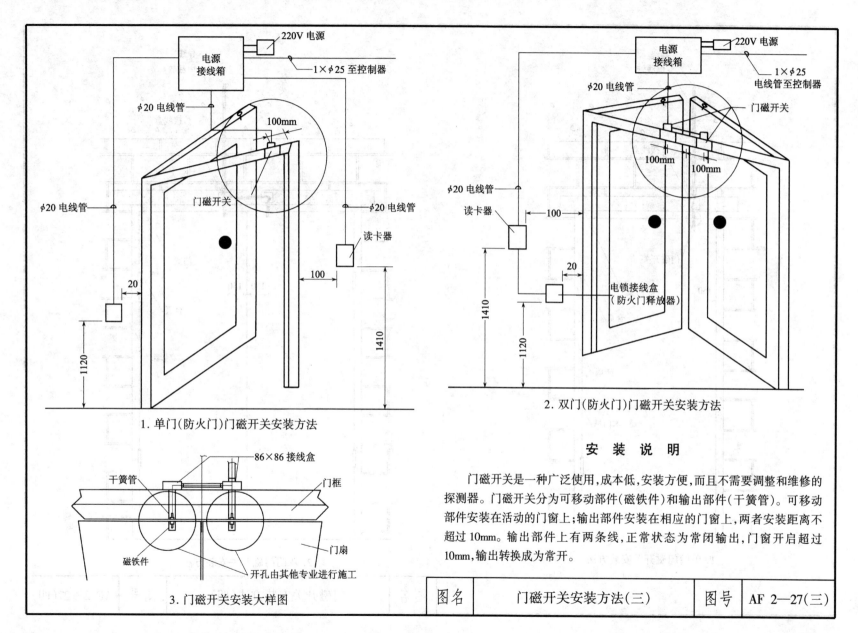

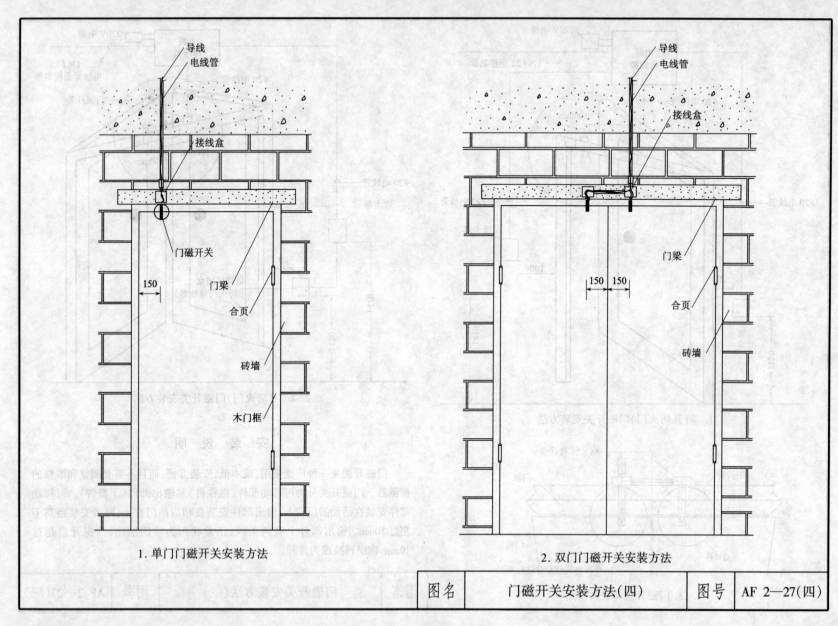

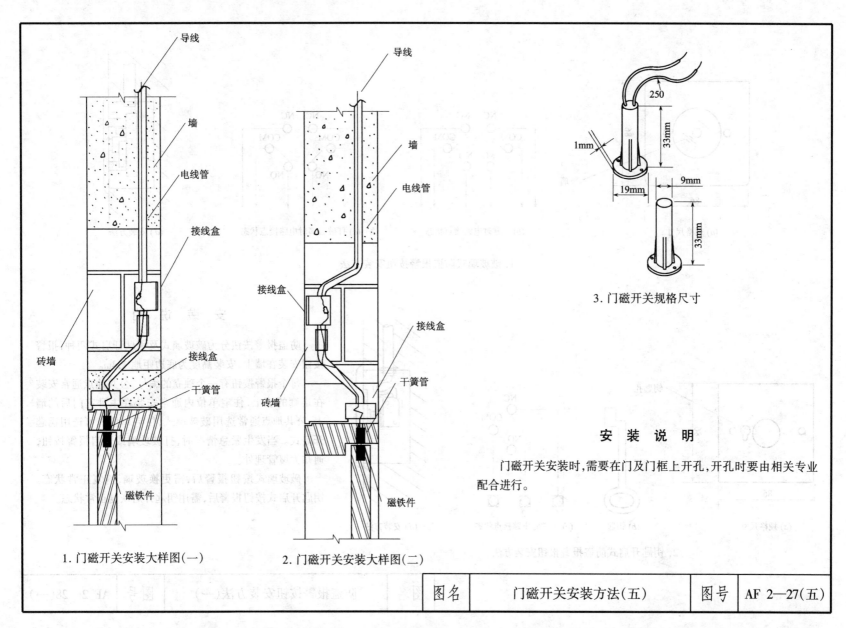

1. 破玻璃式防盗报警按钮安装方法

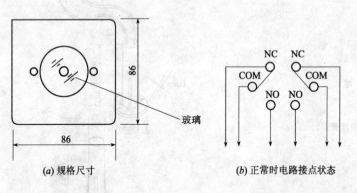

(a) 规格尺寸　　(b) 正常时电路接点状态　　(c) 打破玻璃时电路接点状态

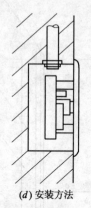

(d) 安装方法

2. 钥匙开启式防盗报警报钮安装方法

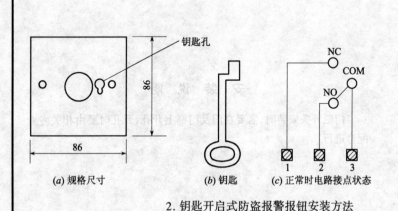

(a) 规格尺寸　　(b) 钥匙　　(c) 正常时电路接点状态

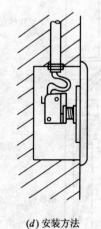

(d) 安装方法

安 装 说 明

防盗报警按钮分为破玻璃式及钥匙开启式两种,报警按钮安装在墙上,安装高度为底边距地1.4m。

每个报警按钮有一个独立的编号,公共地点通常安装在走廊的墙上,住宅单位内通常安装在主卧室门后的墙上,公共地点通常选用破玻璃式,住宅单位内可选用钥匙开启式。当发生紧急情况时,打破玻璃或开启报警按钮,通知大厦管理处。

破玻璃式按钮报警后,需更换玻璃,恢复正常状态。钥匙开启式按钮报警后,需用钥匙开启恢复正常状态。

| 图名 | 防盗报警按钮安装方法(一) | 图号 | AF 2—28(一) |

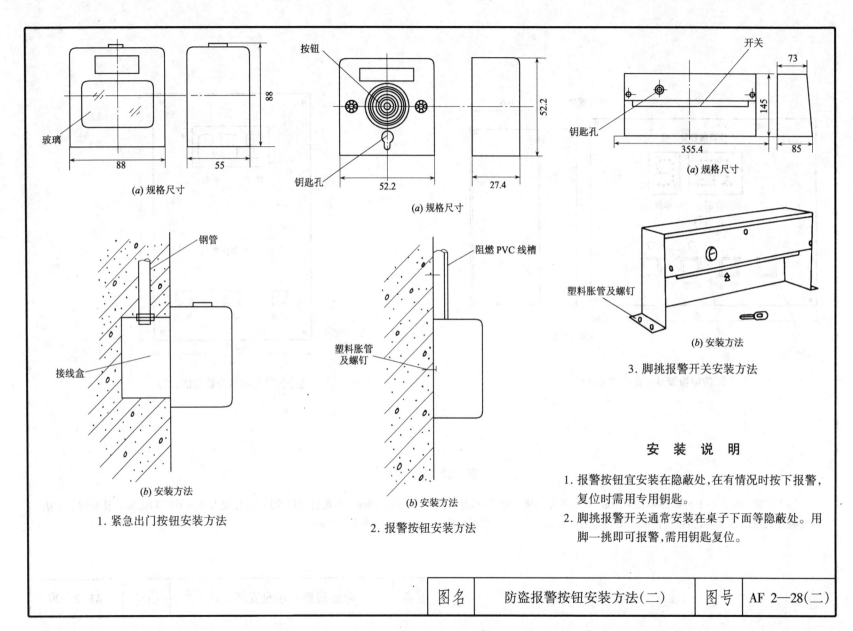

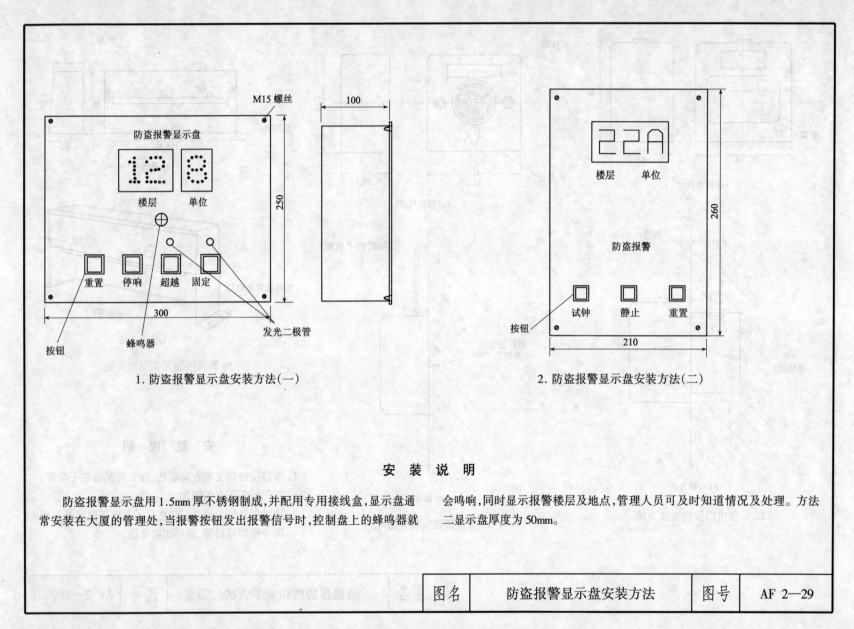

1. 防盗报警显示盘安装方法（一）

2. 防盗报警显示盘安装方法（二）

安 装 说 明

防盗报警显示盘用1.5mm厚不锈钢制成，并配用专用接线盒，显示盘通常安装在大厦的管理处，当报警按钮发出报警信号时，控制盘上的蜂鸣器就会鸣响，同时显示报警楼层及地点，管理人员可及时知道情况及处理。方法二显示盘厚度为50mm。

图名	防盗报警显示盘安装方法	图号	AF 2—29

3 门禁系统

安 装 说 明

门禁系统是新型现代化安全管理系统,它涉及电子、机械、光学、计算机技术、通讯技术及生物技术等诸多新技术。它是解决出入口实现安全防范管理的有效措施。适用各种机要部门,如银行、宾馆、写字楼、智能化小区、工厂等。

一、门禁系统功能

1. 门禁系统实现的基本功能

(1)对通道进出权限的管理

1)进出通道的权限

就是对每个通道设置哪些人可以进出,哪些人不能进出。

2)进出通道的方式

就是对可以进出该通道的人进行进出方式的授权,进出方式通常有密码、读卡(生物识别)、读卡(生物识别)+密码三种方式。

3)进出通道的时段

就是设置可以进出该通道的人在什么时间范围内可以进出。

(2)实时监控功能

系统管理人员可以通过微机实时查看每个门区人员的进出情况(同时有照片显示)、每个门区的状态(包括门的开关,各种非正常状态报警等);也可以在紧急状态打开或关闭有关的门。

(3)出入记录查询功能

系统可储存所有的进出记录、状态记录,可按不同的查询条件查询,配备相应考勤软件可实现考勤、门禁一卡通。

(4)异常报警功能

在异常情况下可以实现电脑报警或报警器报警,如非法侵入、门超时未关等。

2. 根据系统的不同,门禁系统还可以实现以下一些特殊功能

(1)反潜回功能

就是持卡人必须依照预先设定好的路线进出,否则下一通道刷卡无效。本功能是防止持卡人尾随别人进入。

(2)防尾随功能

就是持卡人必须关上刚进入的门才能打开下一个门。本功能与反潜回实现的功能一样,只是方式不同。

(3)消防报警监控联动功能

在出现火警时门禁系统可以自动打开所有电控锁让里面的人随时逃生。与监控联动通常是指监控系统自动将有人刷卡时(有效/无效)录下当时的情况,同时也将门禁系统出现警报时的情况记录下来。

(4)网络设置管理监控功能

大多数门禁系统只能用一台电脑管理,而技术先进的系统则可以在网络上任何一个授权的位置对整个系统进行设置监控查询管理,也可以通过INTERNET网上进行异地设置管理监控查询。

(5)逻辑开门功能

简单地说就是同一个门需要几个人同时刷卡(或其他方式)才能打开电控门锁。

二、门禁系统分类

1. 门禁系统按进出识别方式可分为三大类

(1)密码识别

通过检验输入密码是否正确来识别进出权限,通常每三个月更换一次密码。

(2)卡片识别

通过读卡或读卡加密码方式来识别进出权限。

按卡片种类又分为:

1)磁卡

优点:成本较低;一人一卡(+密码),安全一般,可联电脑,有开

门记录。

缺点：卡片设备有磨损，寿命较短；卡片容易复制；不易双向控制。卡片信息容易因外界磁场丢失，使卡片无效。

2) 射频卡

优点：卡片无接触，开门方便安全；寿命长，理论数据至少10年；安全性高，可联电脑，有开门记录；可以实现双向控制。卡片很难被复制。

缺点：成本较高。

(3) 生物识别

通过检验人员生物特征等方式来识别进出。有指纹型，虹膜型，面部识别型。

优点：从识别角度来说安全性极好；无须携带卡片。

缺点：成本很高。识别率不高，对环境要求高，对使用者要求高（比如指纹不能划伤，眼不能红肿出血，脸上不能有伤，或胡子的多少），使用不方便（比如虹膜型的和面部识别型的，安装高度位置一定了，但使用者的身高却各不相同）。

2. 门禁系统按设计原理可分为两类

(1) 控制器自带读卡器（识别仪）

这种设计的缺陷是控制器须安装在门外，因此部分控制线必须露在门外，内行人无需卡片或密码可以轻松开门。

(2) 控制器与读卡器（识别仪）分体

这类系统控制器安装在室内，只有读卡器输入线露在室外，其他所有控制线均在室内，而读卡器传递的是数字信号，因此，若无有效卡片或密码任何人都无法进门。这类系统应是用户的首选。

3. 门禁系统按与电脑通讯方式可分为两类

(1) 单机控制型

这类产品是最常见的，适用于小系统或安装位置集中的单位。通常采用RS485通讯方式。它的优点是投资小，通讯线路专用。缺点是一旦安装好就不能方便地更换管理中心的位置，不易实现网络控制和异地控制。

(2) 网络型

这类产品的技术含量高，这类系统的优点是控制器与管理中心是通过局域网传递数据的，管理中心位置可以随时变更，不需重新布线，很容易实现网络控制或异地控制。

适用于大系统或安装位置分散的单位使用。这类系统的缺点是系统的通讯部分的稳定需要依赖于局域网的稳定。

三、门禁系统组成

1. 门禁控制器

门禁系统的核心部分，相当于计算机的CPU，它负责整个系统输入输出信息的处理、储存及控制等。

2. 读卡器（识别仪）

读取卡片中数据（生物特征信息）的设备。

3. 电控锁

门禁系统中锁门的执行部件。用户应根据门的材料、出门要求等需求选取不同的锁具。主要有以下几种类型：

(1) 电磁门锁

电磁门锁断电后是开门的，符合消防要求。并配备多种安装架以供顾客使用。这种锁具适用于单向的木门、玻璃门、防火门、对开的电动门等。

(2) 阳极锁

阳极锁是断电开门型，符合消防要求。它安装在门框的上部。与电磁门锁不同的是阳极锁适用于双向的木门、玻璃门、防火门，而且它本身带有门磁检测器，可随时检测门的开关状态。

(3) 阴极锁

一般的阴极锁为通电开门型，适用于单向木门。安装阴极锁一定要配备UPS电源。因为停电时阴极锁是锁门的。

4. 卡片

开门的钥匙。可以在卡片上打印持卡人的个人照片,可实现开门卡、胸卡合二为一。

5. 出门按钮

按一下打开门的设备,适用于对出门无限制的情况,通常安装在室内。

6. 门磁开关

用于检测门的安全及开关状态等。

7. 电源

整个系统的供电设备,分为普通和后备式(带蓄电池的)两种。

四、门禁系统设备安装方法

1. 设备安装

电控门锁安装时应先了解锁的类型、安装位置、安装高度、门的开启方向等。有的磁卡门锁内设置电池,不需外接导线,只要现场安装即可;阴极式及直插式电控门锁通常安装在门框上,在主体施工时在门框外侧门锁安装高度处预埋穿线管及接线盒,锁体安装要与相关专业配合;在门扇上安装电控门锁时,需要通过电合页或电线保护软管进行导线的连接,门扇上电控门锁与电合页之间要开孔,穿线可用软塑料管保护,在主体施工时在门框外侧电合页处预埋导线管及接线盒,导线连接应采用焊接或接线端子连接。

2. 线路敷设

在土建施工时,应做好有关管线的预埋工作。

门禁系统的干线可用钢管或金属线槽敷设,支线可用配管敷设,导线敷设时信号线与强电线要分开敷设,并注意导线布线的安全。

系统	甲级标准	乙级标准	丙级标准
出入口控制系统	1. 应根据建筑物安全技术防范的要求，对楼内(外)通行门、出入口、通道、重要办公室门等处设置出入口控制装置。系统应对被设防区域的位置、通过对象及通过时间等进行实时控制和设定多级程序控制。系统应有报警功能 2. 出入口识别装置和执行机构应保证操作的有效性 3. 系统的信息处理装置应能对系统中的有关信息自动记录、打印、贮存，并有防篡改和防销毁等措施 4. 出入口控制系统应自成网络，独立运行。应与闭路电视监控系统、入侵报警系统联动；系统应与火灾自动报警系统联动 5. 应能与安全技术防范系统中央监控室联网，实现中央监控室对出入口进行多级控制和集中管理	1. 应根据建筑物安全技术防范管理的要求，对楼内(外)通行门、出入口、通道、重要办公室门等处设置出入口控制系统。系统应对被设防区域的位置、通过对象及通过时间等进行实时控制和设定多级程序控制。系统应有报警功能 2. 出入口识别装置和执行机构应保证操作的有效性 3. 系统的信息处理装置应能对系统中的有关信息自动记录、打印、贮存，并有防篡改和防销毁等措施 4. 出入口控制系统应自成网络，独立运行。应能与闭路电视监控系统、入侵报警系统联动；系统应与火灾自动报警系统联动 5. 应能与安全技术防范系统中央监控室联网，满足中央监控室对出入口控制系统进行集中管理和控制的有关要求	1. 应根据建筑物安全防范的总体要求，对楼内(外)通行门、出入口、通道、重要办公室门等设置出入口控制系统。系统应对被设防区域的位置、通过对象及通过时间等进行实时控制和设定多级程序控制。系统应有报警功能 2. 出入口识别装置和执行机构应保证操作的有效性 3. 系统信息处理装置应能对系统中的有关信息自动记录、打印、贮存，并有防篡改和防销毁等措施 4. 出入口控制系统应能与入侵报警系统联动，系统应与火灾自动报警系统联动 5. 应能向管理中心提供决策所需的主要信息

注：智能建筑中各智能化系统应根据使用功能、管理要求和建设投资等划分为甲、乙、丙三级(住宅除外)，且各级均有可扩性、开放性和灵活性。智能建筑的等级按有关评定标准确定。

图名	智能建筑门禁系统设计标准	图号	AF 3—1

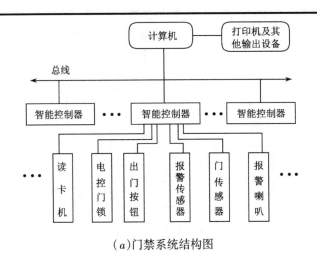

(a) 门禁系统结构图

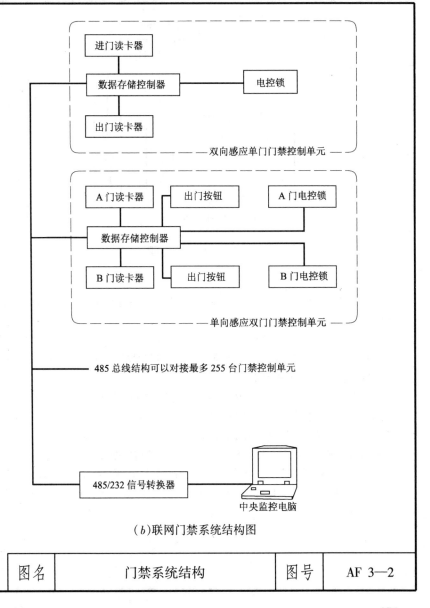

(b) 联网门禁系统结构图

安 装 说 明

门禁系统,它一般具有如图(a)的结构,它包括3个层次的设备。底层是直接与人员打交道的设备,有读卡机、电控门锁、出门按钮、报警传感器和报警喇叭等。它们用来接受人员输入的信息,再转换成电信号送到控制器中,同时根据来自控制器的信号,完成开锁、闭锁等工作。控制器接收底层设备发来的有关人员的信息,同自己存储的信息相比较以作出判断,然后再发出处理的信息。单个控制器就可以组成一个简单的门禁系统,用来管理一个或几个门。多个控制器通过通信网络同计算机连接起来就组成了整个建筑的门禁系统。计算机装有门禁系统的管理软件,它管理着系统中所有的控制器,向它们发送控制命令,对它们进行设置,接受其发来的信息,完成系统中所有信息的分析与处理。

| 图名 | 门禁系统结构 | 图号 | AF 3—2 |

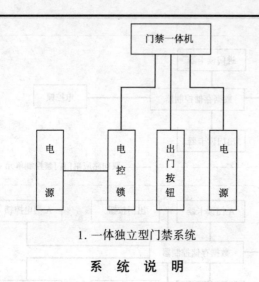

1. 一体独立型门禁系统

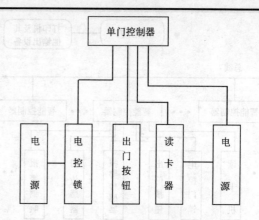

2. 分体独立型门禁系统

系统说明

1. 系统组成
(1)门禁一体机;(2)卡片;(3)电控锁;(4)门禁专用电源;(5)出门按钮;(6)屏蔽线等。

2. 特点
(1)安装施工简单。门禁一体机包含了读卡器和控制器两部分,因此无需再通过屏蔽线连接读卡器和控制器。
(2)多种开门方式。门禁一体机本身具有三种开门方式:刷卡开门、密码开门和密码+刷卡开门,无需另外购买按键读头。
(3)通过门禁一体机就可以完成发卡、删除卡等操作,简单实用。
(4)适合安装在安全性要求不高的场所,如大厦内的办公室。
(5)根据需要可以外接一个读卡头,用于刷卡开门。因此,在实际工程中,也可以把门禁一体机安装在门内,而外接的读卡器安装在门外,实现进门、出门均刷卡。

系统说明

1. 系统组成
(1)单门控制器;(2)读卡器;(3)卡片;(4)电控锁;(5)门禁专用电源;(6)出门按钮;(7)屏蔽线等。

2. 特点
(1)比门禁一体机安全性高。读卡器安装在门外,单门控制器安装在门内。
(2)通过单门控制器就可以完成发卡、删除卡等操作,简单实用。
(3)根据需要,可以外接一个读卡器,用于刷卡开门。
(4)适合安装在安全性要求不高的场所,如大厦内的办公室。

| 图名 | 门禁系统组成示意图(一) | 图号 | AF 3—3(一) |

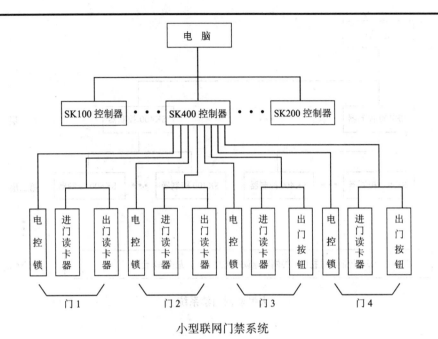

小型联网门禁系统

系统说明

1. 系统组成

(1)控制器,可以是门禁一体机、单门控制器、二门控制器或四门控制器;(2)读卡器;(3)门禁管理软件;(4)485转换器;(5)卡片;(6)电控锁;(7)门禁专用电源;(8)出门按钮;(9)屏蔽线等。

2. 特点

(1)控制器与电脑联网,便于实时监控各个门区的人员进出情况,及时掌握报警事件;

(2)模块化操作,便于进行系统设定、卡片人员管理、进出资料打印以及出勤管理;

(3)快速进行流程控制设定和自动DI/DO设定,使得门禁系统真正成为高度智能化管理系统;

(4)适合安装在安全性要求高,尤其是需要对各个控制门区人员进出进行实时监控场所。

| 图名 | 门禁系统组成示意图(二) | 图号 | AF 3—3(二) |

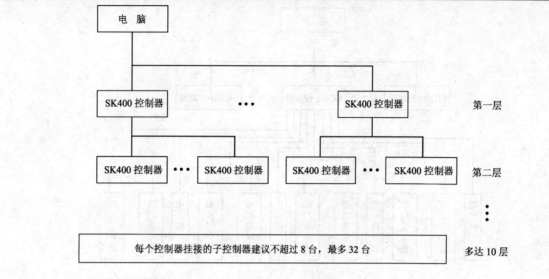

大型联网门禁系统

系 统 说 明

1. 系统组成
(1)控制器,可以是门禁一体机、单门控制器、二门控制器或四门控制器;(2)读卡器;(3)门禁管理软件;(4)485转换器;(5)卡片;(6)电控锁;(7)门禁专用电源;(8)出门按钮;(9)屏蔽线等。

2. 特点
(1)采用多阶层连接方式,可连接几千台控制器,可控制器上万个门。
(2)控制器与电脑联网,便于实时监控各个门区的人员进出情况,及时掌握报警事件。

(3)模块化操作,便于进行系统设定、卡片人员管理、进出资料打印以及出勤管理。

(4)快速进行流程控制设定和自动DI/DO设定,使得门禁系统真正成为高度智能化管理系统。

(5)适合安装在安全性要求高,尤其是需要对各个控制门区人员进出进行实时监控场所。

| 图名 | 门禁系统组成示意图(三) | 图号 | AF 3—3(三) |

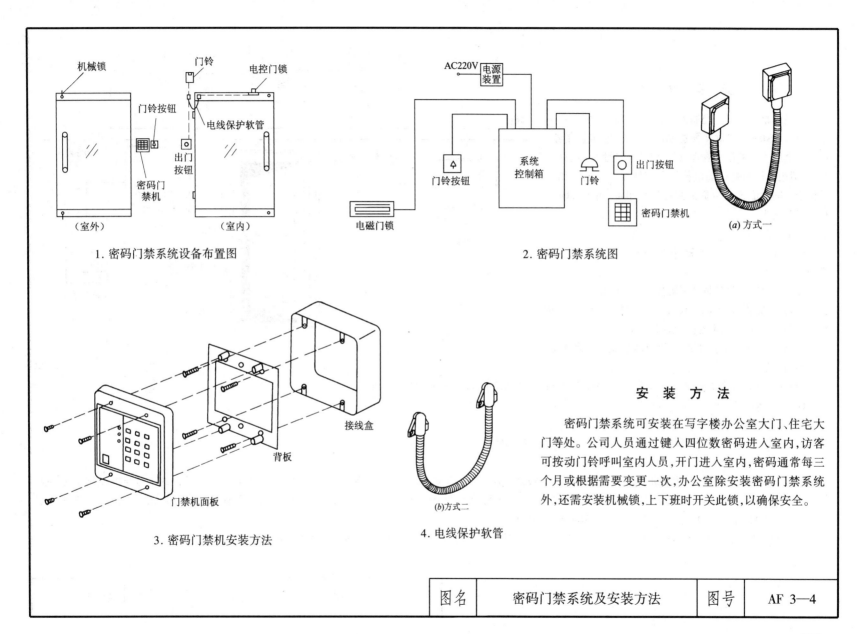

安 装 说 明

本系统是一个实时控制的网络门禁系统。由一台电脑主机与RS485接口联接所控制的非接触IC卡控制器,运行于电脑主机的配套管理软件,以及非接触IC卡、开门按钮,适用所控制各门的电控锁和其他相关的电缆和组件构成。同时配置一台标准并行口打印机,用于打印各种记录和报告。

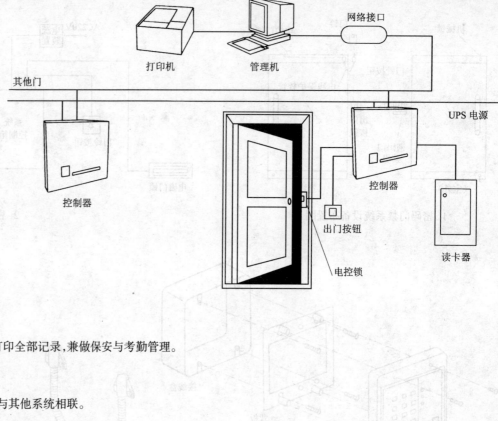

1. 系统特点

(1)非接触识别卡,设备无磨损,稳定可靠,多年不用维护。

(2)保密性高,最新特殊编码技术,不可仿制。

(3)管理完善,每个门可设置32个时区,每张卡可分别限制各个门任意时间段进出权限。

(4)灵活方便,可单门使用,更可联网集中控制多达256个不同的门。

(5)利用计算机集中管理,可实时监示、查询、统计与打印全部记录,兼做保安与考勤管理。

(6)防重入功能,防止一卡重复使用。

(7)完善的报警功能。

(8)安装简单,满足多种环境应用要求。开放结构,可与其他系统相联。

2. 控制器

控制器起局部管理作用,读卡机、出门按钮、电控门锁、报警器等都与它相联并受它控制。当有卡靠近读卡机时,控制器根据读出的卡号与内部的有效卡数据库和时间域设置比较,从而控制电控门锁、报警器等动作。控制器可设置10000张有效识别卡(可扩充至20000张),可脱机存储4000条进出记录、非法刷卡、手动开门等事件,事件记录也可通过联线实时传输到电脑供管理人员查看。

3. 通过增加双门扩展板,可同时控制两个门的进出。通过增加主从控制扩展板,可组成联网系统,同时控制多个门的进出。

| 图名 | 非接触式感应卡门禁系统(一) | 图号 | AF3—5(一) |

安 装 说 明

门禁系统用于多扇门,采用门禁控制系统的非接触式感应卡具有不同的开门权限设置,对楼宇重要部门的人员出入进行有效监控。持卡人只需将卡在各门控点的读卡器读感范围内轻轻一扬,瞬间便可完成读卡工作,门控点控制器判断该卡的合法有效性,合法卡作出开门动作,非法卡声光报警,并立即通知系统管理中心。各门控点控制器还对各门的开合情况进行监控,开门时间过长,也会导致该门控点声音报警,并立即通知系统管理中心。

重要的环境可设有指纹识别系统,人的指纹是唯一的,无法伪造和修改,充分的提高了安全性、可靠性和保密性。

优点:用卡(和指纹)来代替门锁的钥匙,不仅对人流的通过进行监控;还通过权限的设定,可以用一张卡(和一枚指纹)可开启多处门锁;且在员工调离、卡丢失、取消权限等情况下,无须换锁和配钥匙,只要在系统中修改设置就可方便且安全地实现;这特别适合于一些重要部门。

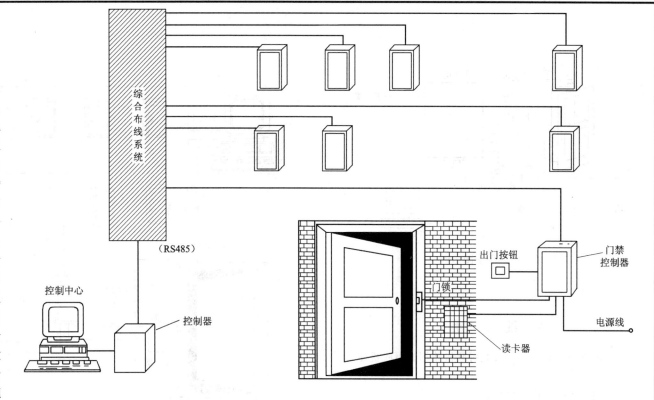

| 图名 | 非接触式感应卡门禁系统(二) | 图号 | AF 3—5(二) |

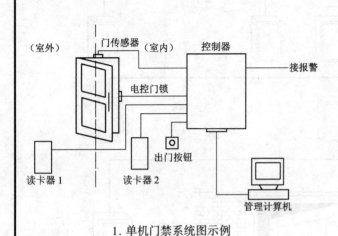

1. 单机门禁系统图示例

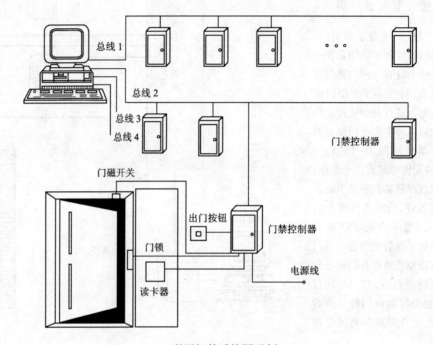

2. 联网门禁系统图示例

系统说明

1. 脱机、联网自适应型,既可联机使用亦可脱机使用。
2. 刷卡资料存于门禁机内。
3. 有防撬报警功能。
4. 每台门禁机可管理几千人进出,每人可有独立的卡号。
5. 与集中控制器配合可扩充到几百台门禁机联网使用。

| 图名 | 非接触式感应卡门禁系统(三) | 图号 | AF 3—5(三) |

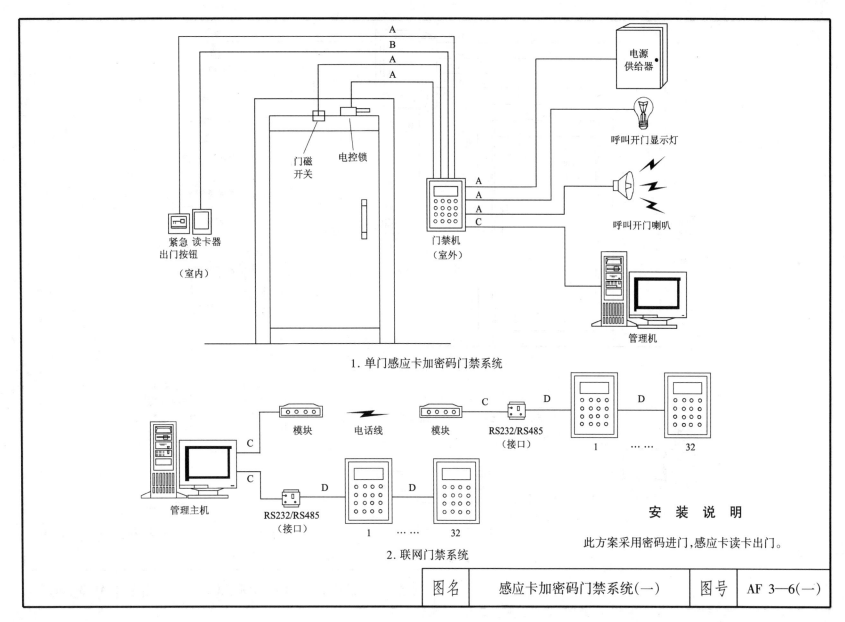

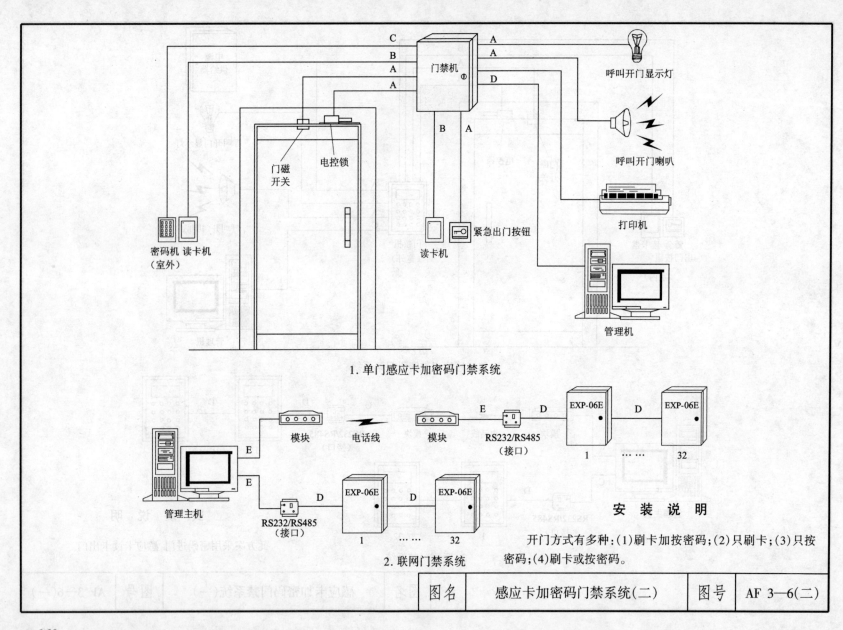

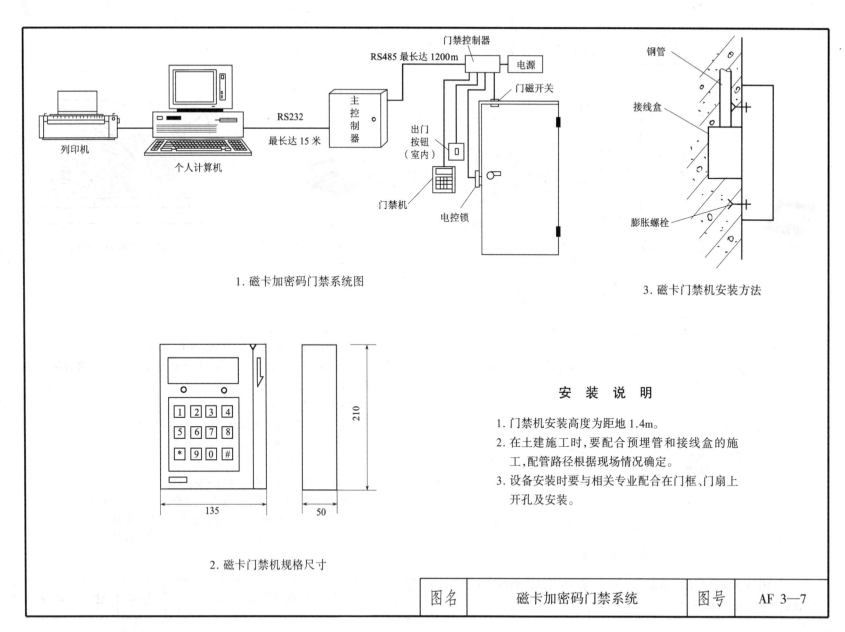

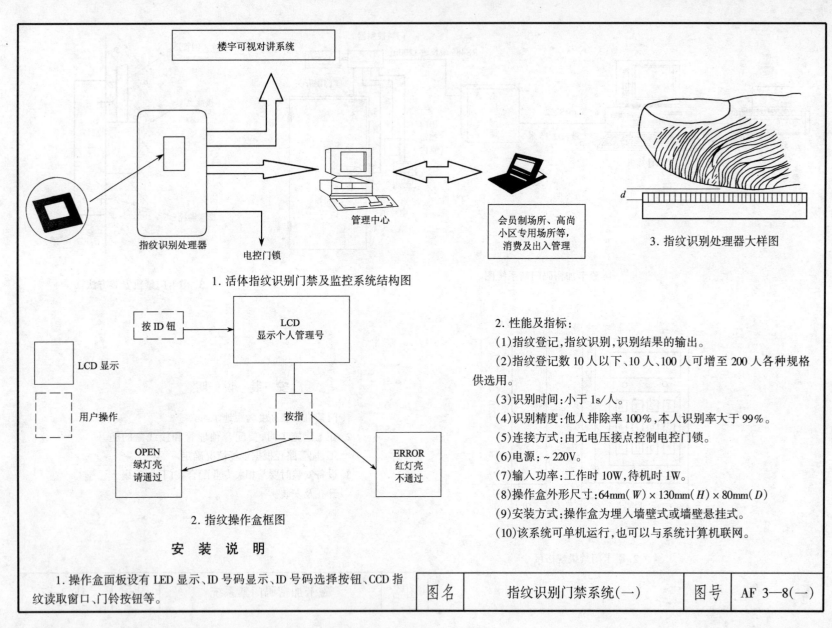

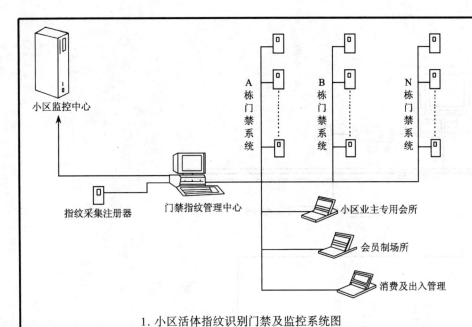

1. 小区活体指纹识别门禁及监控系统图

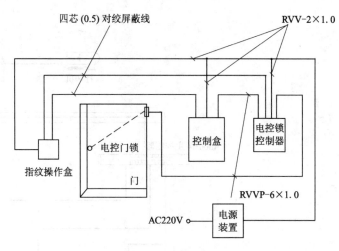

2. 活体指纹识别门禁系统图

安 装 说 明

1. 活体指纹识别系统是应用半导体指纹传感模块及指纹监别技术,指纹传感器设备只有邮票大小尺寸,无需电源供电,方便集成到任何系统中。每户可注册多人,每人可注册多个手指,使用更加方便。

2. 系统应用广泛,如:高层楼宇可视对讲及指纹门锁;高尚小区指纹监控系统;指纹停车场及汽车指纹锁;小区指纹巡更及报警系统;指纹门禁及出入口考勤管理;高尚小区会所及会员制场所;出入口指纹门禁等。

3. 指纹系统特点:随身携带,永不遗失;活体检测,生物电敏感。

图名	指纹识别门禁系统(二)	图号	AF 3—8(二)

163

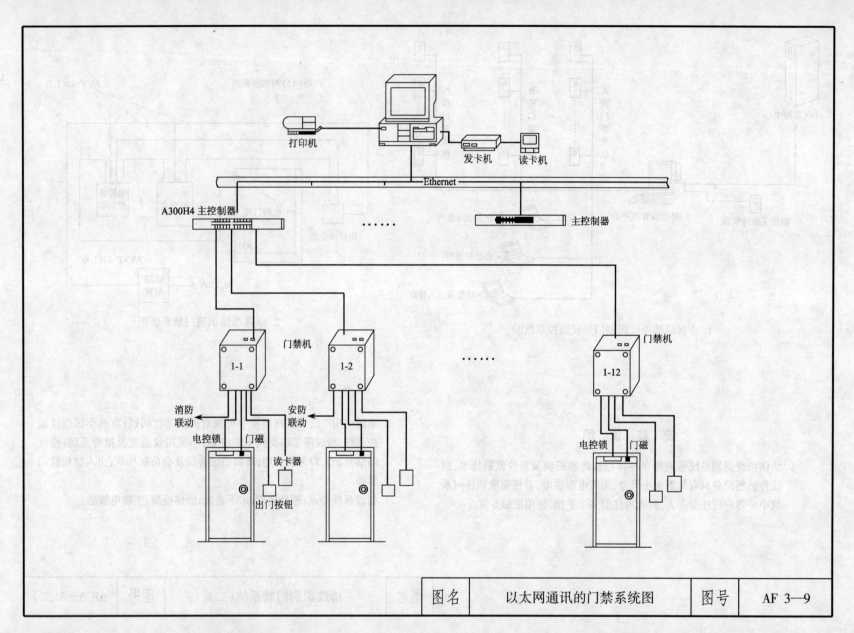

安 装 说 明

小型办公室专用门禁系统,是采用最新的高度安全加密码、感应卡识别和自动控制技术设计的一套一体化安装使用的智能控制系统。系统将加密码解码技术应用到门禁产品,同时,针对门禁系统产品本身的安全性提供并实现双系统解决方案的技术。小型办公室专用门禁系统由控制主板(控制器)、电源(变压器)、读卡器、电控锁、出门按钮及门磁开关等部分组成。同时可选配后备蓄电池保证系统供电,并可对后备蓄电池进行充电管理。

1. 系统主要特点

(1)可与办公室其他控制系统联动控制,能方便地实现一卡通管理。

(2)通过系统配置的遥控器增加或注销用户卡,使用者可方便地操作,设置简单、灵活。

(3)用户卡遗失,可随时注销,不存在担心用户卡被盗用的可能。

(4)系统除使用卡开门外,可继续保留用机械钥匙开门的选择(备用),同时使用系统配置的遥控器可紧急开门,多种备份,任何时候不存在门打不开的状况。

(5)全新的办公室门禁管理,最大地增加办公环境的安全性和方便性。

2. 感应卡特点

因为感应卡的上市,使用者再也不需要携带钥匙,更免除了钥匙被复制的烦恼,再也不必担心财物可能蒙受损失。感应式讯号发送器的封装形式有许多种,包括卡片式、钥匙圈式、笔芯式、玻璃管式、麦克笔式等,体积有大小差别,而体积的大小往往与感应距离成正比,一般来说,使用人员于门禁及停车场管制时,为了方便携带,通常做成卡片式,故俗称感应卡。

3. 动作原理

感应卡一般以接触卡称之,磁卡在使用时要有"刷卡"的动作以达到管制目的。通常一张感应卡中有 IC 芯片、感应线圈及电容原件。感应卡为发射应答端,而感应式卡片阅读机为接收端,持续发送频率。当卡片靠近卡片阅读机发射频率的范围内时,卡片内的线圈会接受此频率并产生能量,此能量储存在电容器内,当能量到达激磁的状态时,会将卡片中 IC 芯片上所烧录的密码发送给卡片阅读机卡片阅读机辨识过后,便可开门。提醒用户,目前市场上的各种卡片阅读机,所发射出的频率不同,故卡片不能互通,注意产品的匹配。

图名	小型办公室门禁系统示例	图号	AF3—10

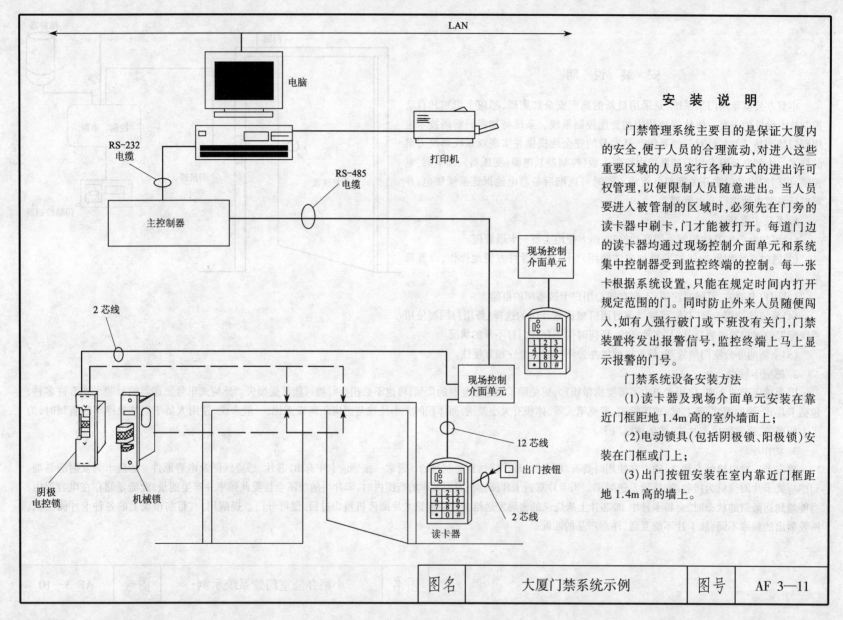

系统说明

门禁系统是对智能化住宅小区重要的出入通道进行管理。门禁系统可以控制人员的出入,还能控制人员在楼内及其相关区域的行动。过去此任务是由管理人员和门锁来完成。现在在大楼的入口,电梯等处安装出入口控制装置,例如读卡器、指纹读出器、密码键盘等。住户要想进入,必须有卡或输入正确的密码,或两者兼有,或按专用手指纹才能获准通过。

1. 系统组成

门禁系统通常由管理计算机、控制器、读卡器、电控锁、闭门器、门磁开关、出门按钮、识别卡和传输线路组成。

2. 系统特点

(1)读卡器使用非接触 IC 卡。

(2)每个门可设置 32 个时区,每张卡可分别限制各个门任意时间段进出权限。

(3)可单门使用,可联网集中控制,最多可联 128 个控制器,控制 256 个门。

(4)除提供"开门超时"警报外,还提供"闯入警报"、"无效卡警报"等功能。

3. 控制器

每次出入情况,包括卡号、时间、地点以及是否授权等信息都被记录在控制器中,并被传送到管理计算机,控制器可设置 2 万张有效识别卡(双门),可脱机存储 4000 条进出记录,对非法刷卡,手动开门等事件可传至管理计算机。

别墅型小区门禁系统图

图名	别墅门禁系统示例	图号	AF 3—12

167

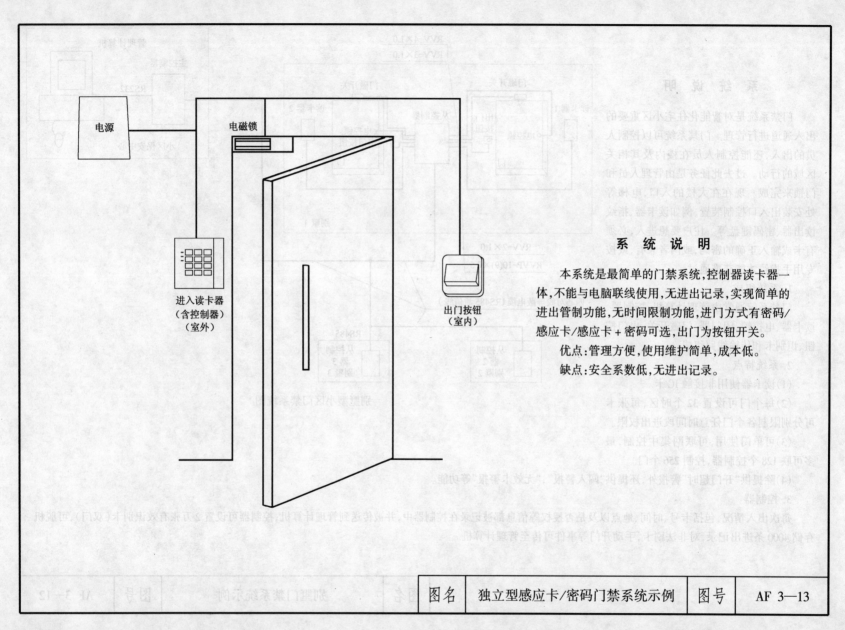

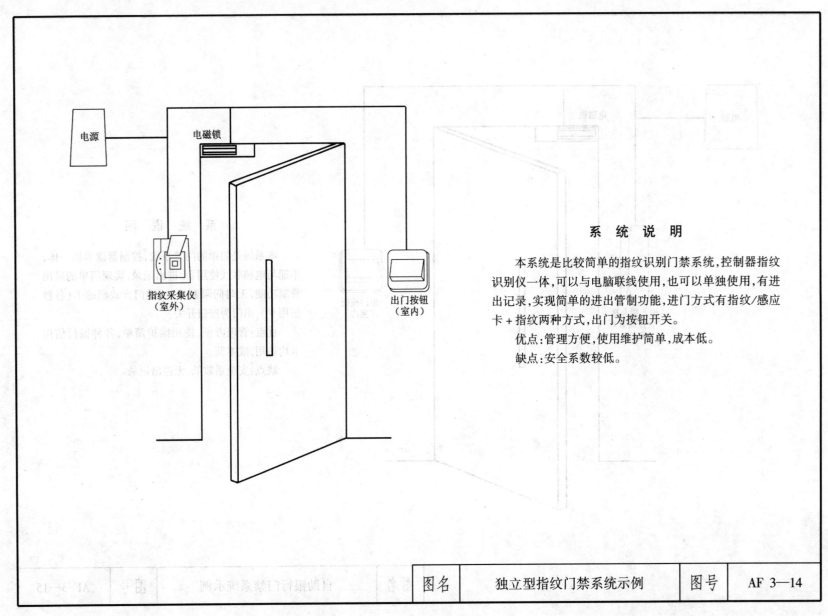

系统说明

本系统是比较简单的指纹识别门禁系统,控制器指纹识别仪一体,可以与电脑联线使用,也可以单独使用,有进出记录,实现简单的进出管制功能,进门方式有指纹/感应卡+指纹两种方式,出门为按钮开关。

优点:管理方便,使用维护简单,成本低。

缺点:安全系数较低。

| 图名 | 独立型指纹门禁系统示例 | 图号 | AF 3—14 |

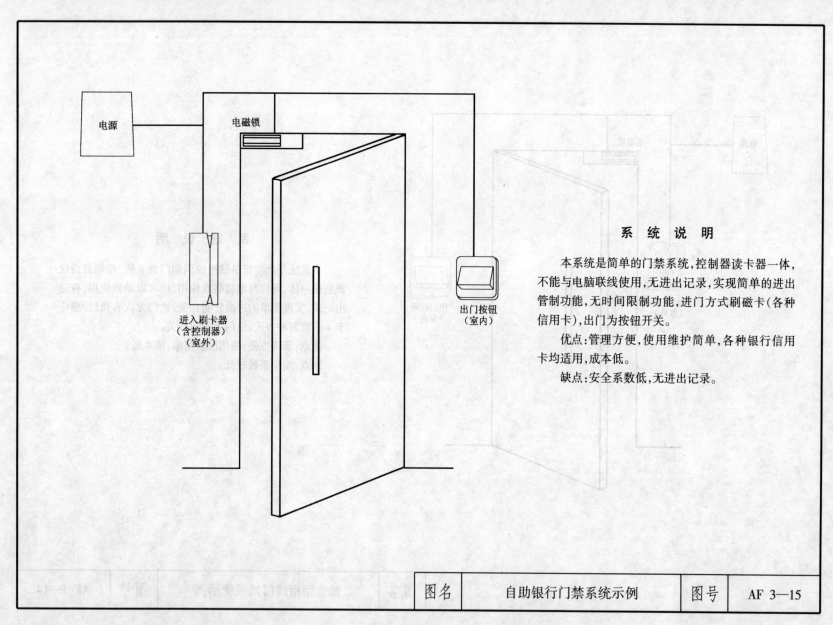

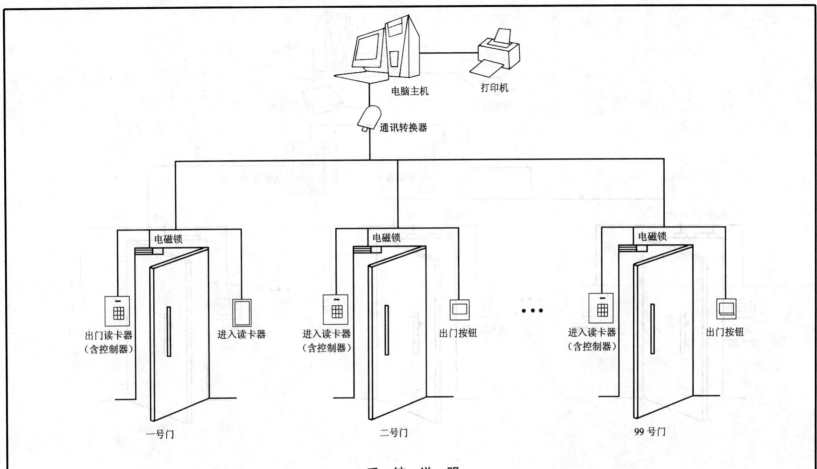

系 统 说 明

本系统是比较复杂的门禁系统,控制器读卡器一体,能与电脑联线使用,有进出记录,实现比较复杂的进出管制功能,有时间限制功能,进门方式有感应卡/感应卡+密码两种可选,出门为按钮开关和感应卡两种可选,卡片容量为2000人,可管制99道门。有电子地图功能,可以配合考勤软件实现考勤功能。

特点:管理方便,使用维护简单,布线成本低,系统造价较低。

图名	单门联网型门禁系统示例	图号	AF 3—16

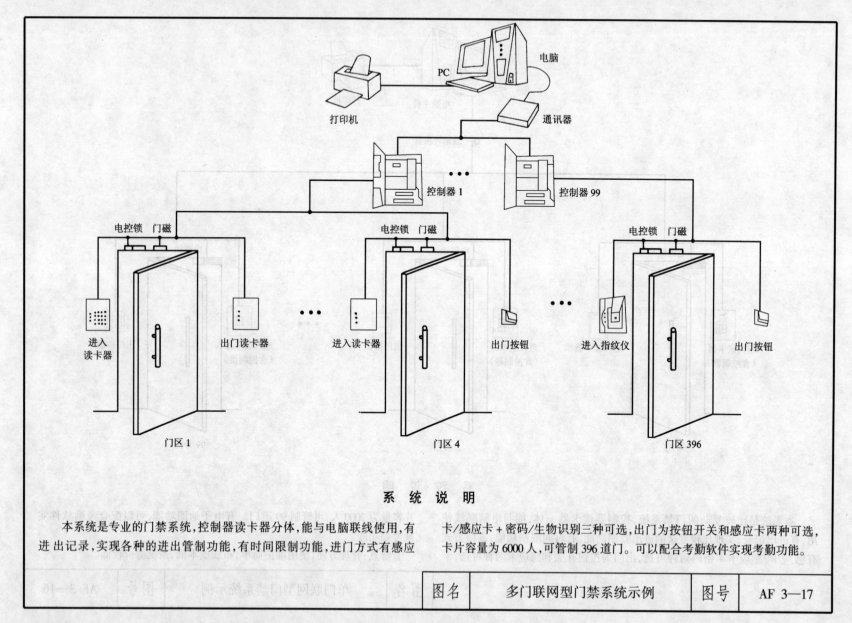

系统说明

本系统是专业的门禁系统,控制器读卡器分体,能与电脑联线使用,有进出记录,实现各种的进出管制功能,有时间限制功能,进门方式有感应卡/感应卡+密码/生物识别三种可选,出门为按钮开关和感应卡两种可选,卡片容量为6000人,可管制396道门。可以配合考勤软件实现考勤功能。

| 图名 | 多门联网型门禁系统示例 | 图号 | AF 3—17 |

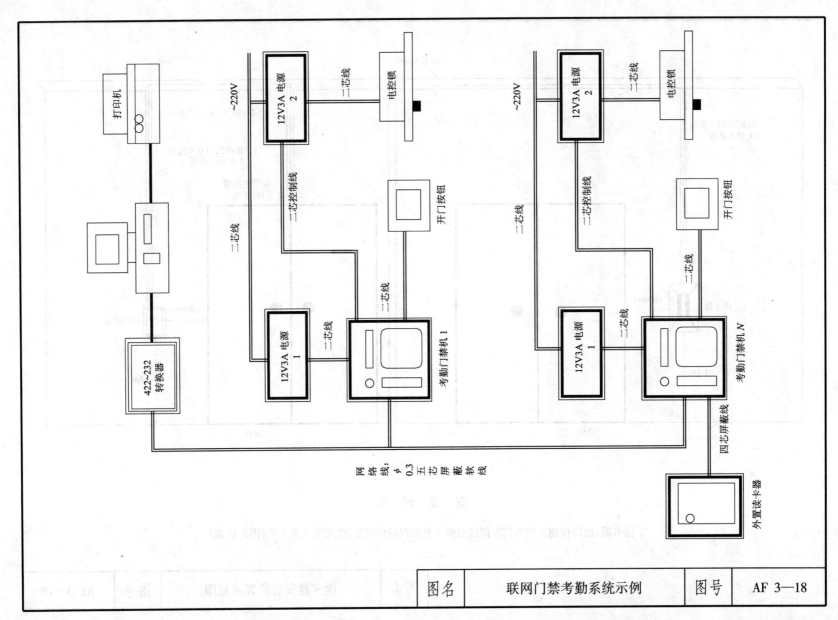

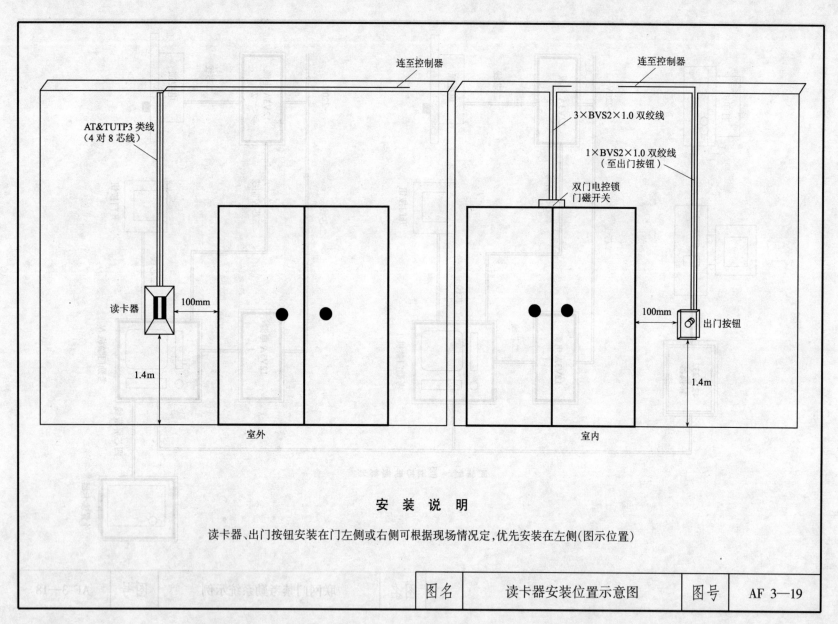

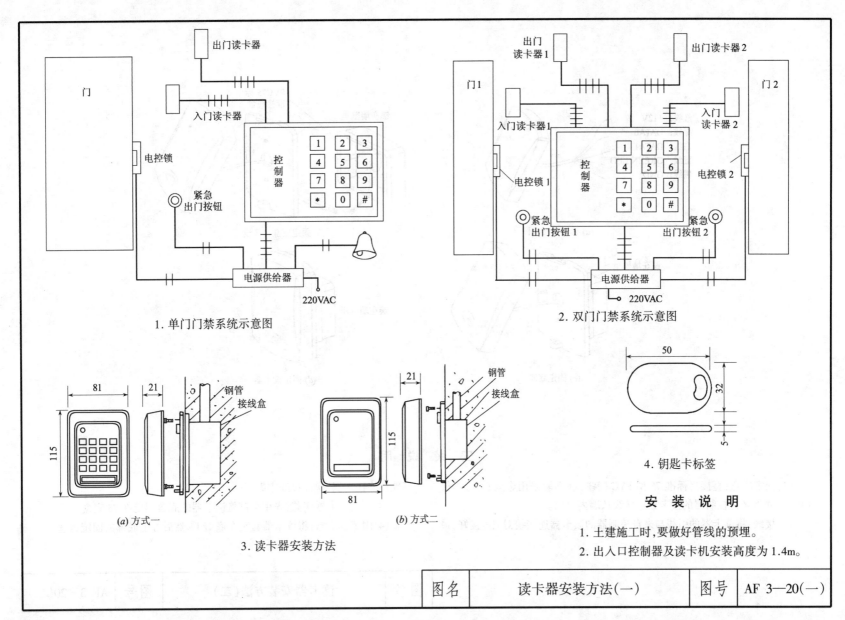

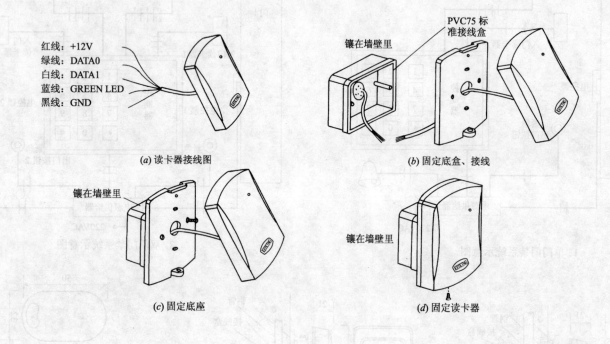

(a) 读卡器接线图　　(b) 固定底盒、接线

(c) 固定底座　　(d) 固定读卡器

安 装 说 明

(1)固定底盒:直接将标准 75 型 PVC 接线盒(不能采用金属底盒)镶嵌在墙内,并将来自控制器的读卡器连接线从墙内引出。

(2)接线:将读卡器的引线与来自控制器的读卡器连接线对应连接好,最好能用烙铁上锡,保证接线牢固。

(3)固定读卡器底盖:先用螺钉将读卡器的底盖固定在 75 底盒上。

(4)固定读卡器:将读卡器套装在底盖上,然后拧上底部的固定螺丝。

| 图名 | 读卡器安装方法(二) | 图号 | AF 3—20(二) |

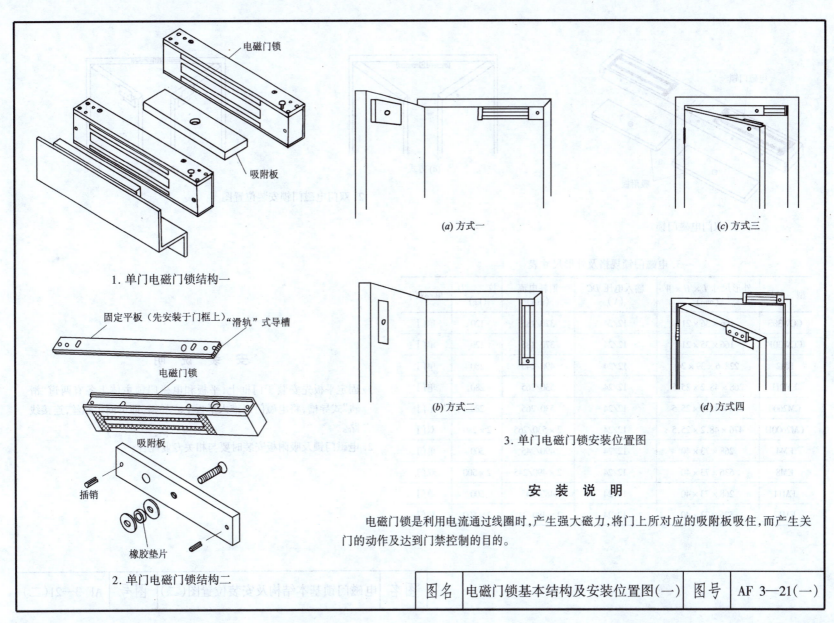

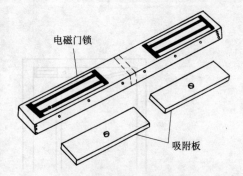

1. 双门电磁门锁

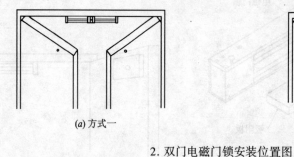

(a) 方式一　　　(b) 方式二

2. 双门电磁门锁安装位置图

3. 电磁门锁规格及外形尺寸表

型号	外形尺寸 $L \times H \times W$ (mm)	输入电压 DC (V)	消耗电流 (mA)	拉力 (kg)	单/双门
CCW30S	166×36×21	12/24	370/185	120	单门
CCW30F	166×35×21	12/24	370/185	120	单门
EM2	228.6×39×24	12/24	490/245	280	单门
EM2H	268×48.2×25.5	12/24	530/265	280	单门
CM2600	238×48.2×25.5	12/24	530/265	280	单门
CM2600D	476×48.2×25.5	12/24	2×530/265	2×280	双门
EM4	268×73×40	12/24	490/245	500	单门
EM8	536×73×40	12/24	2×490/245	2×500	双门
EM11	268×73×40	12/24	480/245	500	单门
EM12	536×73×40	12/24	2×480/245	2×500	双门

安 装 说 明

1. 固定平板先安装于门框上,平板和电磁门锁主体上各有两道"滑轨"式导槽,将电磁门锁推入平板上之导槽,即可固定螺丝,连接线路。
2. 电磁门锁及吸附板安装时要与相关专业配合。

| 图名 | 电磁门锁基本结构及安装位置图(二) | 图号 | AF 3—21(二) |

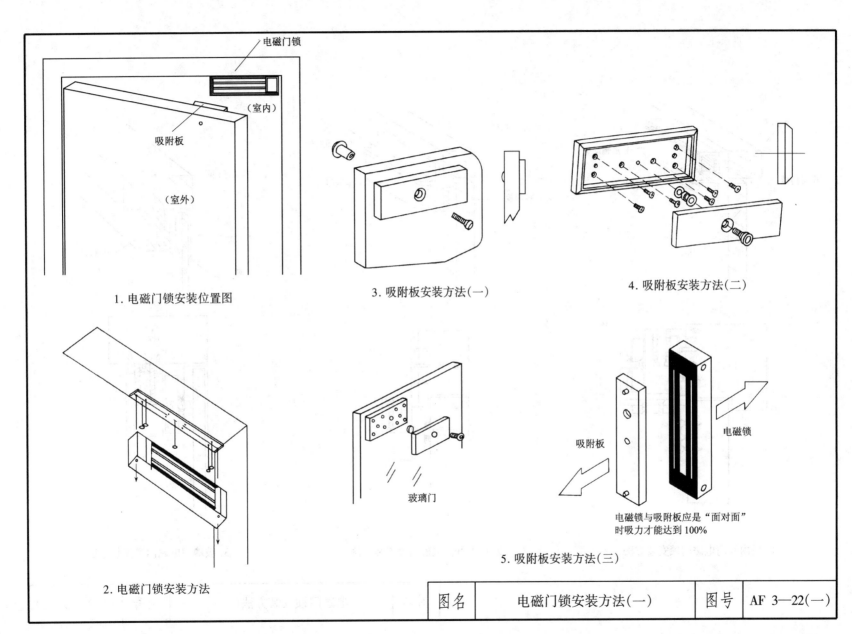

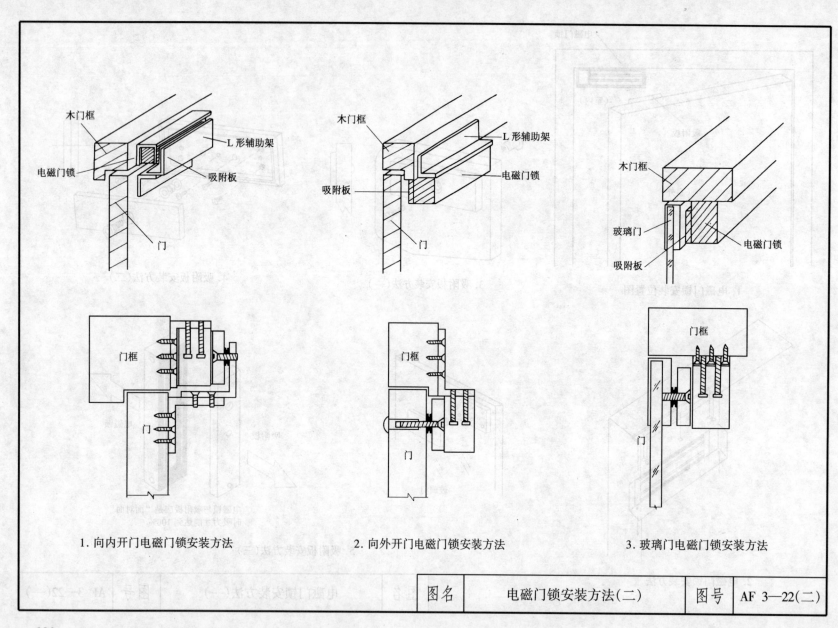

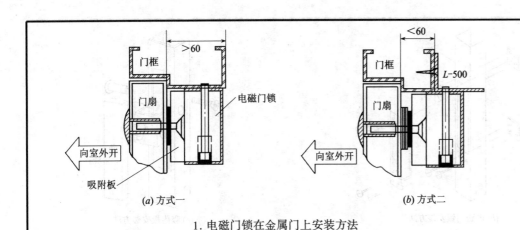
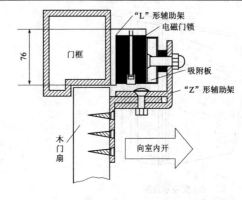

1. 电磁门锁在金属门上安装方法

3. 电磁门锁在木门上安装方法

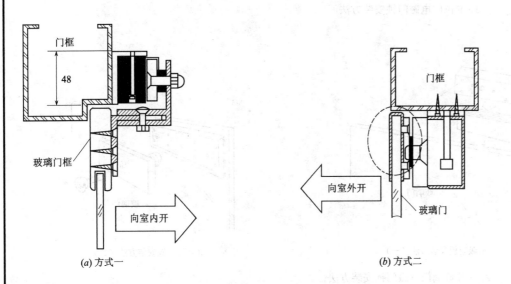

2. 电磁门锁在玻璃门上安装方法

安 装 说 明

1. 电磁门锁可水平或垂直安装在门框上,电磁门锁及电线应安装在室内以确保安全。
2. 电磁门锁与吸附板应对正安装,以达到最大吸力。
3. 吸附板必须加橡胶垫片进行微调,才能使电磁门锁吸力达到最大。

| 图名 | 电磁门锁安装方法(三) | 图号 | AF 3—22(三) |

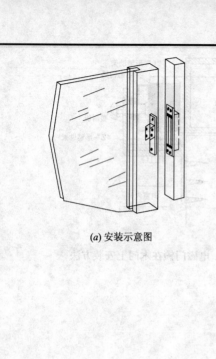

(a) 安装示意图

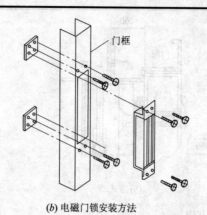

(b) 电磁门锁安装方法

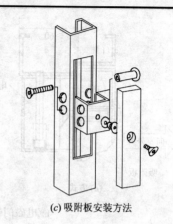

(c) 吸附板安装方法

1. 推拉门电磁门锁安装方法

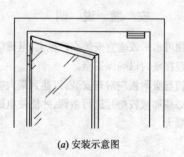

(a) 安装示意图

(b) 吸附板安装方法（一）

(b) 吸附板安装方法（二）

2. 平开玻璃门电磁门锁安装方法

安 装 说 明

电磁门锁在玻璃门上安装时,要与相关专业配合在门框门扇上开孔及安装。

| 图名 | 电磁门锁安装方法(四) | 图号 | AF 3—22(四) |

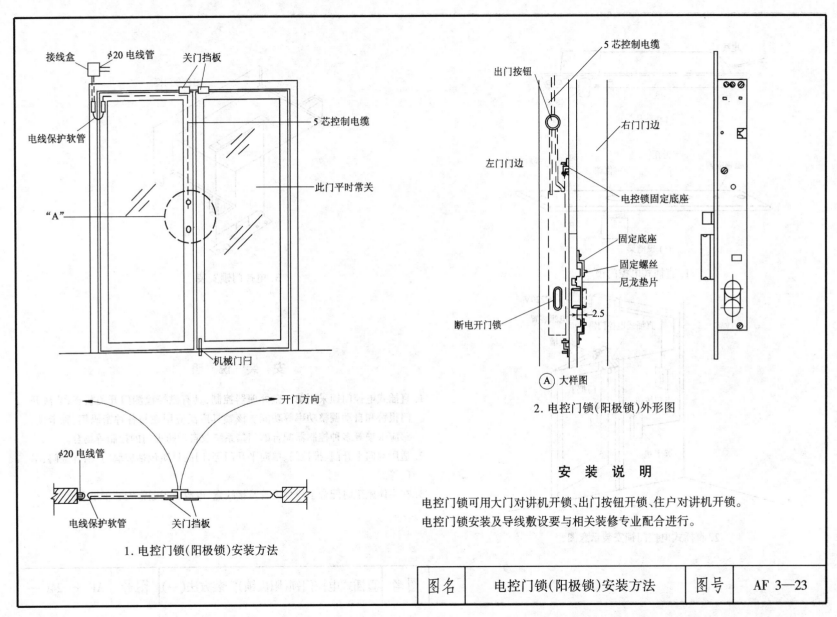

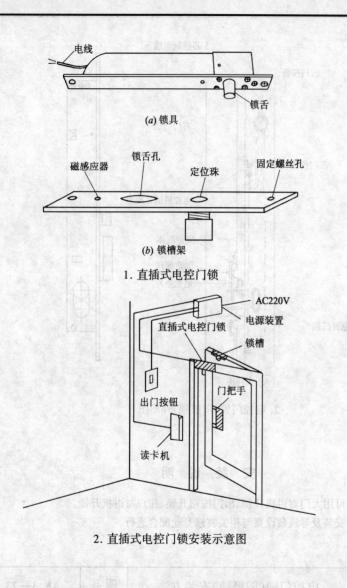

1. 直插式电控门锁

2. 直插式电控门锁安装示意图

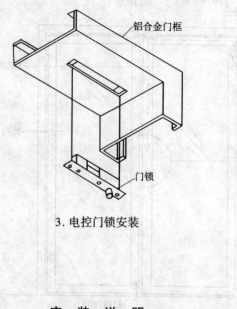

3. 电控门锁安装

安 装 说 明

1. 直插式电控门锁采用单片微处理器控制,具有磁控检测门开关状态,非法开门报警和自动调整功率等功能。该锁具广泛应用在与各种密码锁、磁卡锁、感应卡锁等多种控制器配合的门禁系统及自动防火门的控制等场合。
2. 适用双向平开门、推拉门、单向平开门等,门的材质包括玻璃门、铝合金门、木门等。
3. 在主体施工时配合土建预埋管及接线盒,电源装置通常安装于吊顶内。

| 图名 | 直插式电控门锁(阳极锁)安装方法(一) | 图号 | AF 3—24(一) |

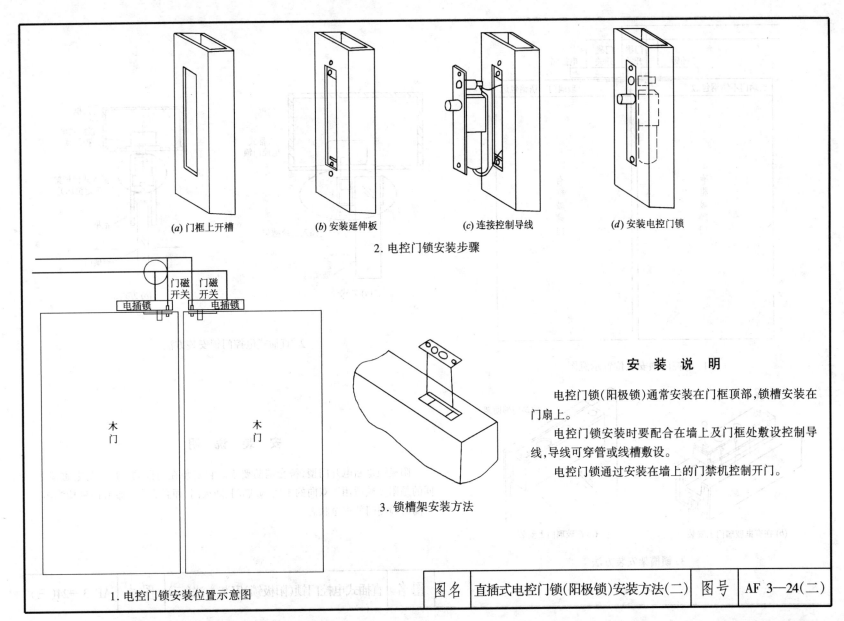

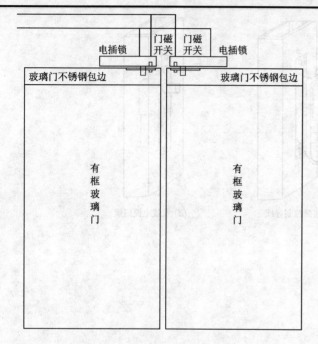

1. 电控门锁安装位置示意图

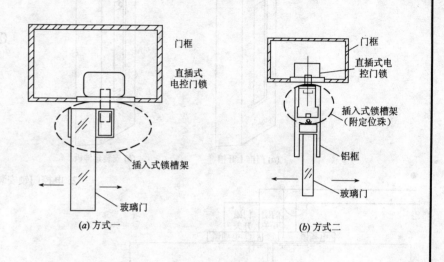

(a) 方式一　　(b) 方式二

2. 直插式电控门锁安装方法

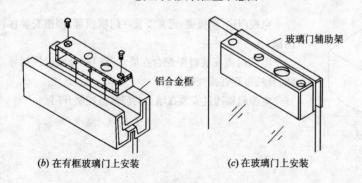

(b) 在有框玻璃门上安装　　(c) 在玻璃门上安装

3. 锁槽架安装方法

安 装 说 明

阳极锁是断电开门型,符合消防要求。它安装在门框的上部。与电磁锁不同的是阳极锁适用于双向的木门、玻璃门、防火门,而且它本身带有门磁检测器,可随时检测门的安全状态。

| 图名 | 直插式电控门锁(阳极锁)安装方法(三) | 图号 | AF 3—24(三) |

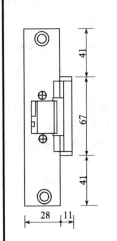
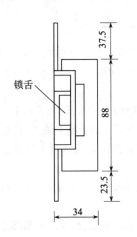

锁舌

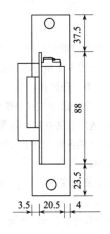

1. 电控门锁(阴极锁)规格尺寸

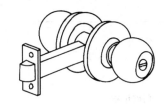

3. 球形门锁

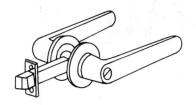

4. 执手锁

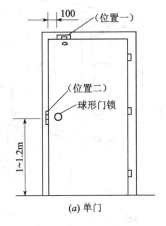

(a) 单门

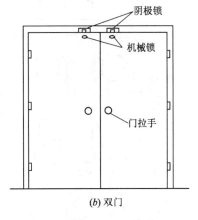

(b) 双门

2. 电控门锁(阴极锁)安装位置示意图

5. 机械锁

安 装 方 法

阴极锁与门禁机配合使用,阴极锁安装在门框上,可用门禁机输入密码或按出门按钮控制阴极锁锁舌开门。阴极锁安装在门框中部时,可配合在门上安装球形门锁共同使用;阴极锁安装在门框顶部时,可配合在门上安装用钥匙开启的机械锁。

| 图名 | 电控门锁(阴极锁)安装方法(一) | 图号 | AF 3—25(一) |

187

安 装 说 明

1. 可与普通球形门锁配合使用。如果把镶在门框上的锁槽金属片换成电控门锁,加上一个密码键盘等,便可以变成一个电子密码控制的门禁系统,可输入密码开启电控锁,特别适用于人多进出的办公室及住宅大厦大门使用。
2. 门锁分为两种开启方式:(1)断电松锁式:当电源接通时,门锁舌扣上。当电源断接时,门锁舌松开,门可开启,适用安装在防火或紧急逃生门上使用;(2)断电上锁式:当电源断接时,门锁舌扣上。当电源接通时,门锁舌松开,门可开启,适用安装在进出口通道门上使用。电控门锁的操作电压通常为 DC12V 或 DC24V。
3. 电控门锁安装高度通常为 1～1.2m。电控门锁安装时,要与相关专业配合在门框和门扇的开孔及门锁安装。
4. 金属门框安装电控门锁,导线可穿软塑料管沿门框敷设,在门框顶部进入接线盒。木门框可在电控门锁外门框的外侧安装接线盒及钢管。

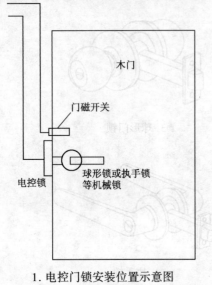

1. 电控门锁安装位置示意图

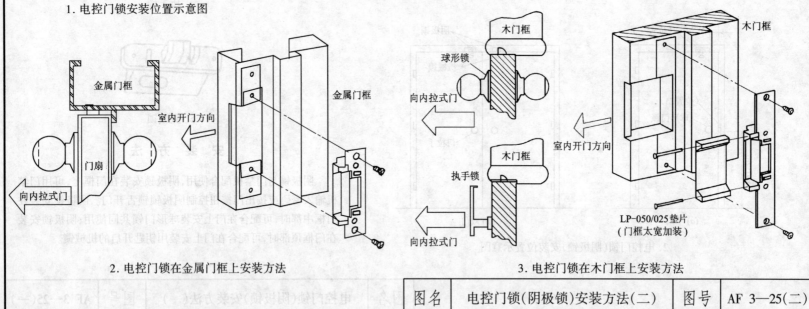

2. 电控门锁在金属门框上安装方法

3. 电控门锁在木门框上安装方法

| 图名 | 电控门锁(阴极锁)安装方法(二) | 图号 | AF3—25(二) |

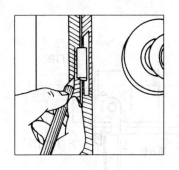
(a) 确定电控门锁位置

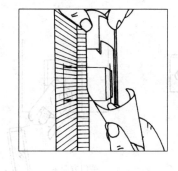
(b) 在门框上画线

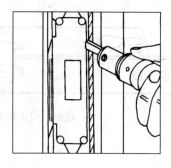
(c) 在门框上开槽

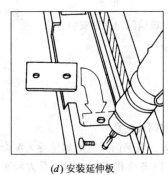
(d) 安装延伸板

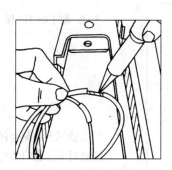
(e) 连接控制导线

(f) 安装电控门锁

安 装 说 明

电控门锁(阴极锁)在铝合金门框上安装步骤如图所示,安装时应与相关专业配合开孔。

| 图名 | 电控门锁(阴极锁)安装方法(三) | 图号 | AF 3—25(三) |

189

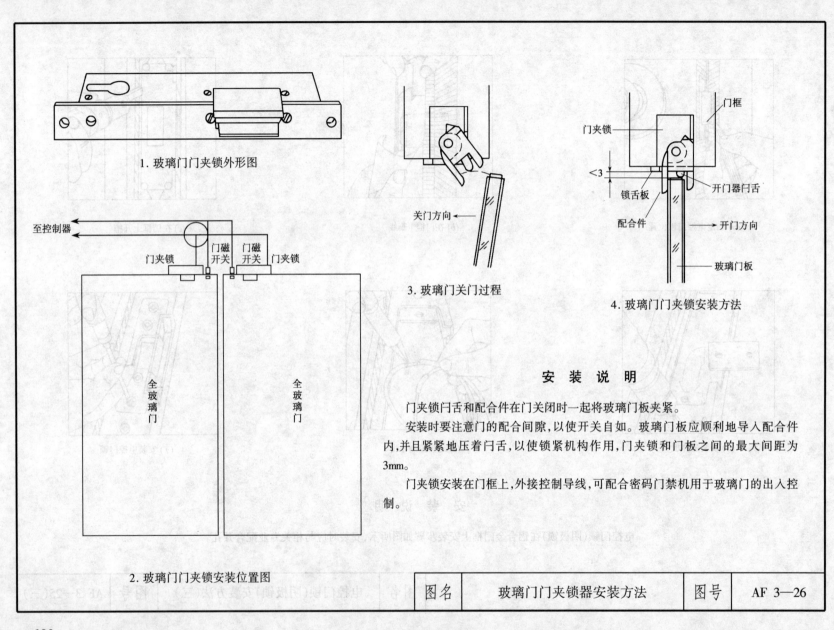

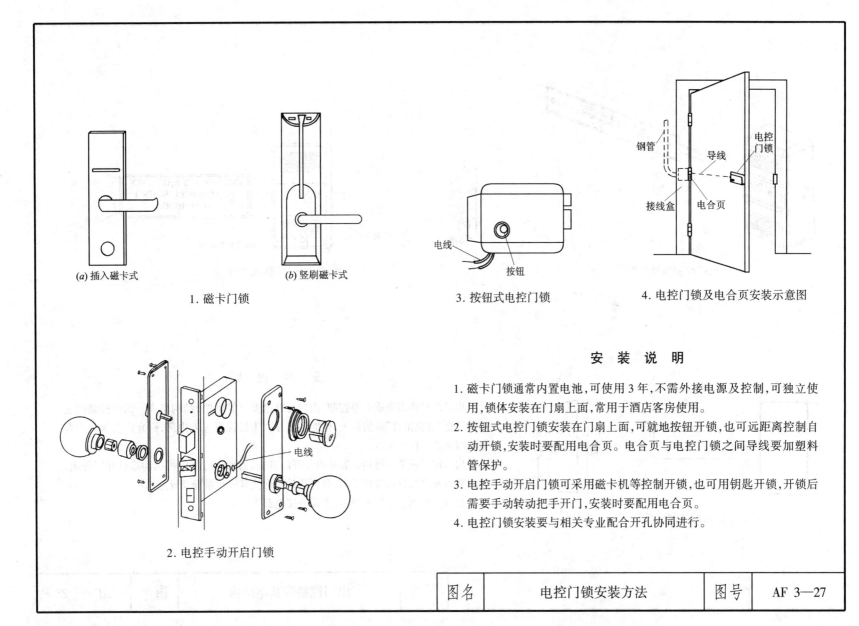

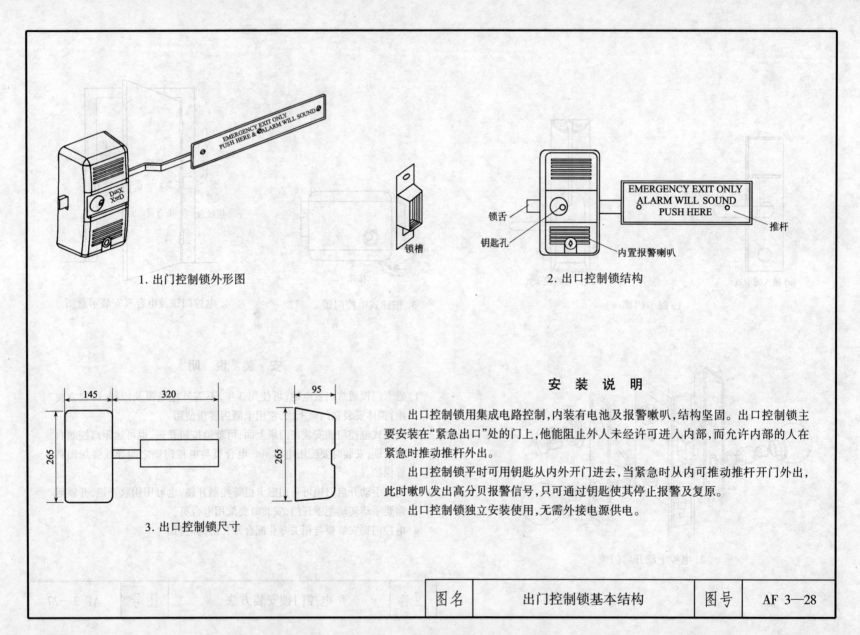

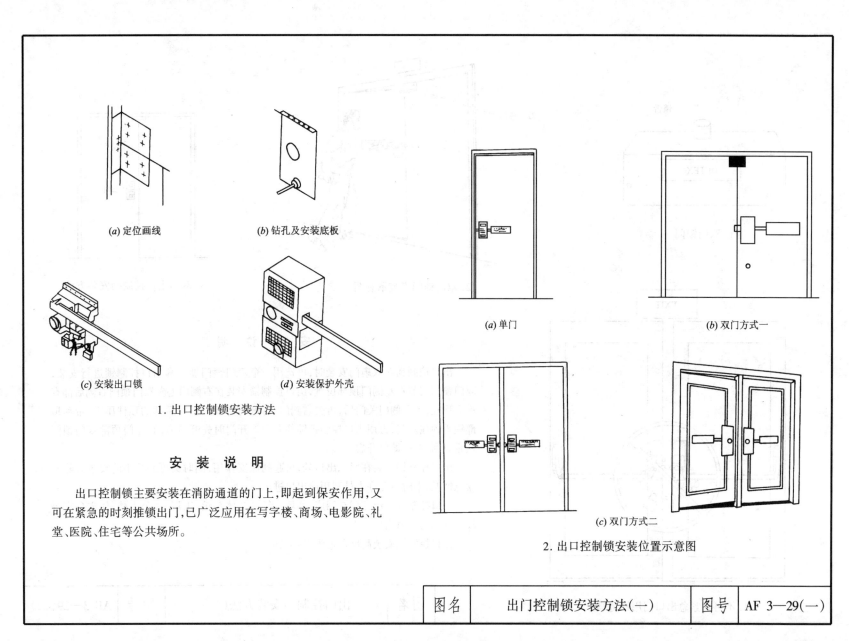

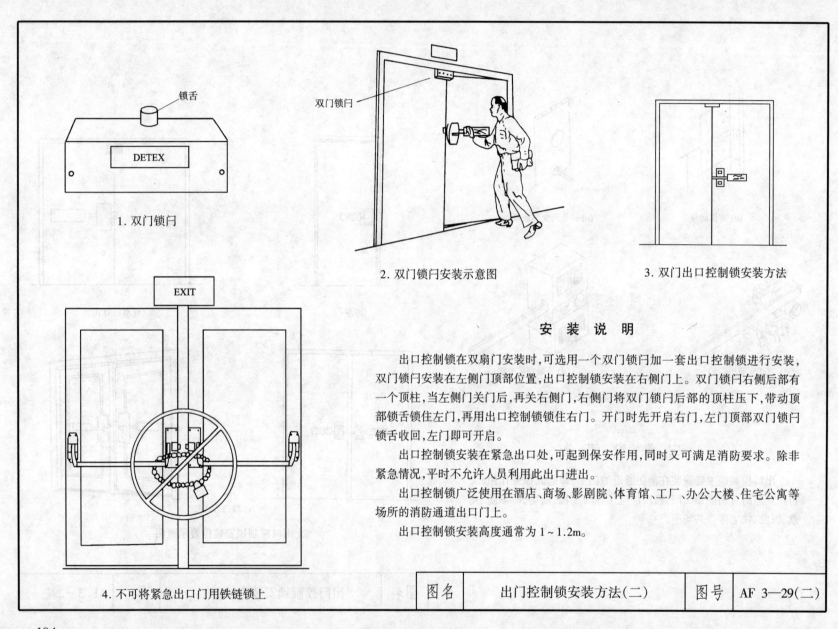

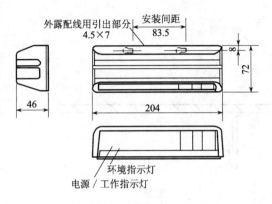

1. 自动门红外探测器规格尺寸

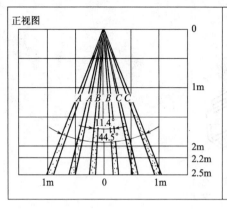

2. 自动门红外探测器探测区域图(OA-30型)

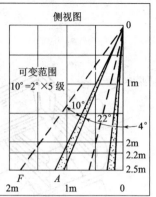

3. 自动门红外探测器规格表

型　　号		OA-20	OA-30	OA-50C	OA-60C
探测方式		主动式红外线			
输入电压		A型 12V 直流/交流 B型 24V 直流/交流		12～24V 直流/交流	
最大使用电流	A型	185mA	250mA	12V 交流时 200mA	24V 交流时 300mA
	B型	90mA	155mA		
输　　出		常开式继电器 50V 时 0.1A		常开式继电器 50V 时 0.3A	常开式继电器 50V 时 0.1A
输出锁定时间		1±0.5s 延迟	0.3～3.0s 延迟	0.5s 延迟	
工作温度		－20～＋55℃(－4～＋131°F)			
尺寸(mm)		70×195×25	72×204×46	61×220×26	φ170×79
重量(g)		170	305	190	430

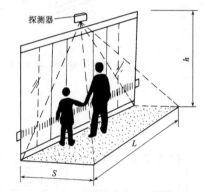

4. 自动门红外探测位置示意图

安装说明

自动门红外探测器是利用红外线反射的探测原理进行开关门,适用于狭窄的门通道。

图名	自动门红外探测器安装方法	图号	AF 3—30

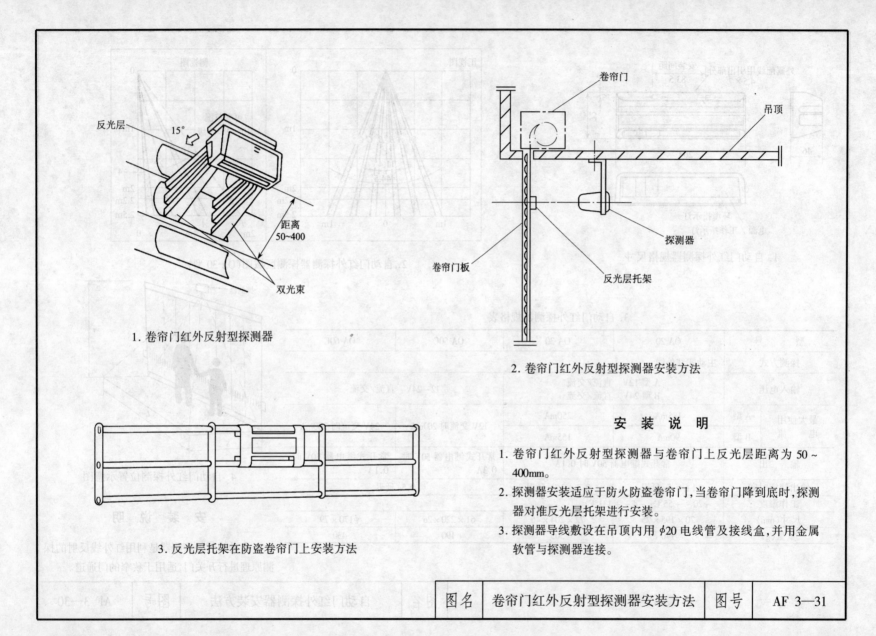

4 对讲系统

安 装 说 明

对讲系统分为非可视对讲和可视对讲系统两种。

1. 非可视对讲系统

通常在大厦的入口处安装对讲门口主机和电控门锁；在住户室内安装对讲分机，通过控制器控制对讲系统。对讲系统还须接驳到大厦控制中心，在控制中心也可控制门口主机和电控门锁的工作。并可以与其他对讲机通话。

住户可通过密码或读卡进入大厦；出门时通过按"出门按钮"可打开电控门锁。访客来时在大厦门口主机按键上输入要访住户单位的楼层及编号与住户通话，住户可按开锁键开锁请客人进入大厦；访客也可呼叫管理中心联系进入大厦。

2. 可视对讲系统

可视对讲系统由可视对讲门口主机、室内可视分机、不间断电源、电控锁、闭门器等构成。门口机安装在大门口，配键盘、彩色(黑白)摄像机等。

可视对讲系统具有叫门、摄像、对讲、室内监视室外、室内遥控开锁、夜视等功能，住户在室内与访客进行对话的同时可以在室内机显示器看见来访者影像，并通过开锁按钮控制大门开启，达到阻止陌生人进入大厦的目的，住户在大门口可以通过感应卡、密码、对讲开大门锁等进入大厦。

3. 设备安装方法

(1) 对讲机安装

主机通常安装在楼宇入口处的墙上或柱架上，分机则分别安装在住户内，对讲机可用塑料胀管和螺钉或膨胀螺栓等进行安装。安装高度为底边距地 1.2～1.4m，可视对讲机的安装高度为摄像机镜头距地 1.5m。主机安装在大门外时，应做好防雨措施，在墙上安装时，主机与墙面之间用玻璃胶封堵四边。

(2) 线路敷设

对讲系统的干线可用钢管或金属线槽敷设，支线可用配管敷设，导线敷设时信号线与强电线要分开敷设，并注意导线布线的安全。

系统	甲级标准	乙级标准	丙级标准
出入口控制系统	1. 应根据建筑物安全技术防范的要求，对楼内(外)通行门、出入口、通道、重要办公室门等处设置出入口控制装置。系统应对被设防区域的位置、通过对象及通过时间等进行实时控制和设定多级程序控制。系统应有报警功能 2. 出入口识别装置和执行机构应保证操作的有效性 3. 系统的信息处理装置应能对系统中的有关信息自动记录、打印、贮存，并有防篡改和防销毁等措施 4. 出入口控制系统应自成网络，独立运行。应与闭路电视监控系统、入侵报警系统联动；系统应与火灾自动报警系统联动 5. 应能与安全技术防范系统中央监控室联网，实现中央监控室对出入口进行多级控制和集中管理	1. 应根据建筑物安全技术防范管理的要求，对楼内(外)通行门、出入口、通道、重要办公室门等处设置出入口控制系统。系统应对被设防区域的位置、通过对象及通过时间等进行实时控制和设定多级程序控制。系统应有报警功能 2. 出入口识别装置和执行机构应保证操作的有效性 3. 系统的信息处理装置应能对系统中的有关信息自动记录、打印、贮存，并有防篡改和防销毁等措施 4. 出入口控制系统应自成网络，独立运行。应能与闭路电视监控系统、入侵报警系统联动；系统应与火灾自动报警系统联动 5. 应能与安全技术防范系统中央监控室联网，满足中央监控室对出入口控制系统进行集中管理和控制的有关要求	1. 应根据建筑物安全防范的总体要求，对楼内(外)通行门、出入口、通道、重要办公室门等设置出入口控制系统。系统应对被设防区域的位置、通过对象及通过时间等进行实时控制和设定多级程序控制。系统应有报警功能 2. 出入口识别装置和执行机构应保证操作的有效性 3. 系统信息处理装置应能对系统中的有关信息自动记录、打印、贮存，并有防篡改和防销毁等措施 4. 出入口控制系统应能与入侵报警系统联动，系统应与火灾自动报警系统联动 5. 应能向管理中心提供决策所需的主要信息

注：智能建筑中各智能化系统应根据使用功能、管理要求和建设投资等划分为甲、乙、丙三级（住宅除外），且各级均有可扩性、开放性和灵活性。智能建筑的等级按有关评定标准确定。

图名	智能建筑对讲系统设计标准	图号	AF 4—1

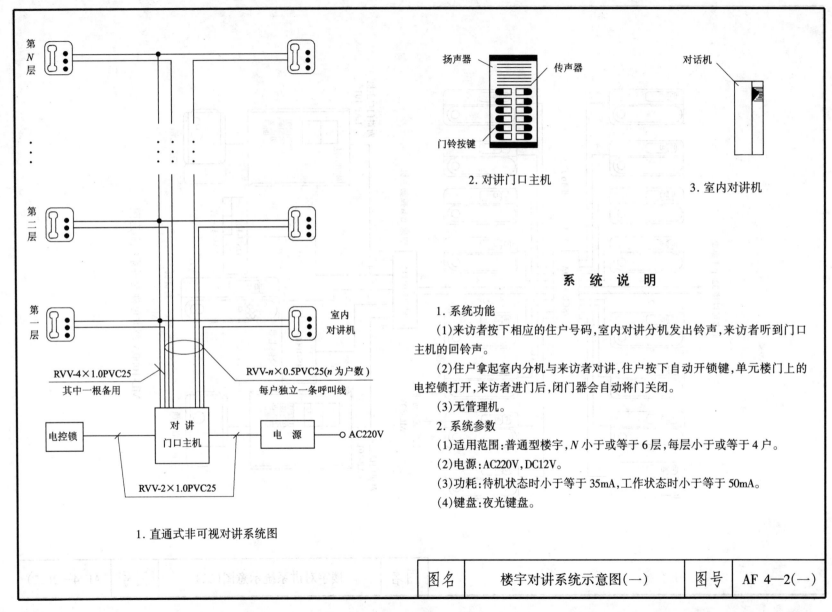

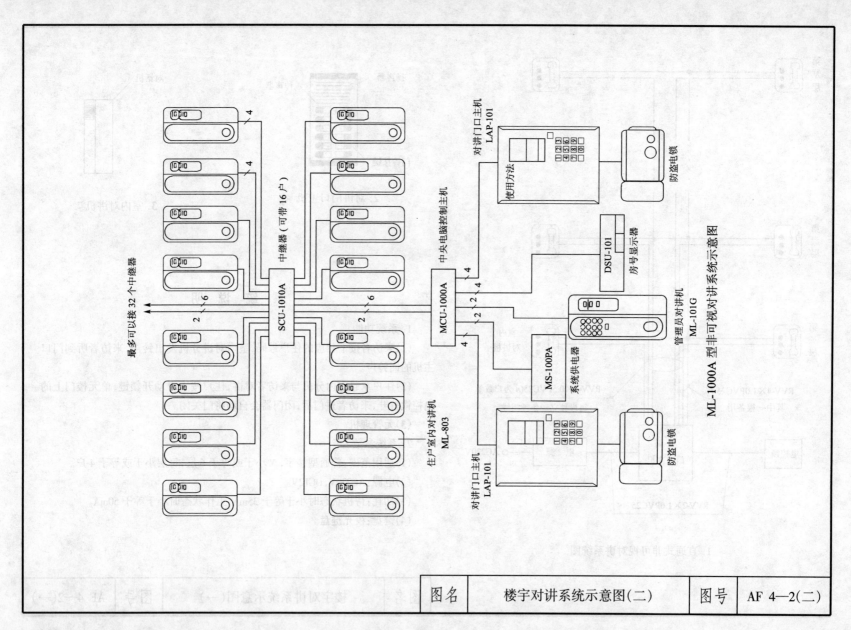

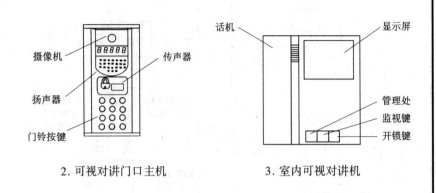

2. 可视对讲门口主机

3. 室内可视对讲机

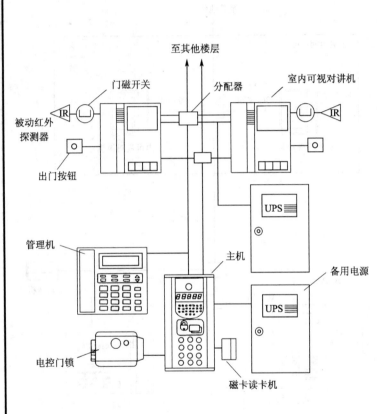

1. 楼宇可视对讲系统示意图

系 统 说 明

1. 楼宇可视对讲系统除具备对讲系统功能外,又增加了可视功能,具备更好的安全防范性。
2. 当有来客时,按动主机面板对应房号,用户机即发出振铃声,同时显示屏自动打开显示来客图像,主人提机与客人对讲及确认身份后,可通过户机的开锁键控制大门电控门锁开锁。客人进入大门后,闭门器使大门自动关闭并锁好。
3. 若住户需监视大门外情况,可按监视键,即可在屏幕上显示,约10s后自动关闭。
4. 各厂商产品功能及配置有所不同,使用时阅读有关说明书。

| 图名 | 楼宇可视对讲系统示意图(一) | 图号 | AF 4—3(一) |

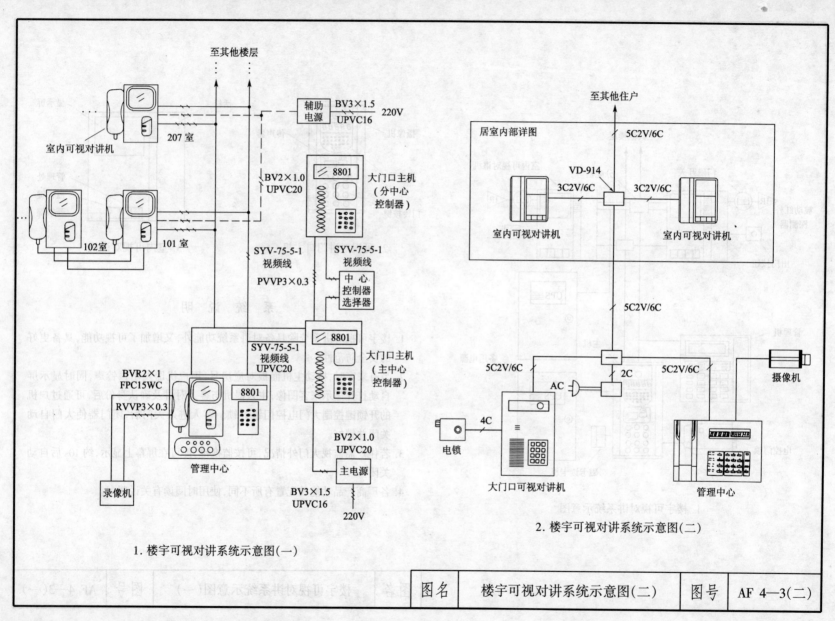

1. 楼宇可视对讲系统示意图(一)

2. 楼宇可视对讲系统示意图(二)

| 图名 | 楼宇可视对讲系统示意图(二) | 图号 | AF 4—3(二) |

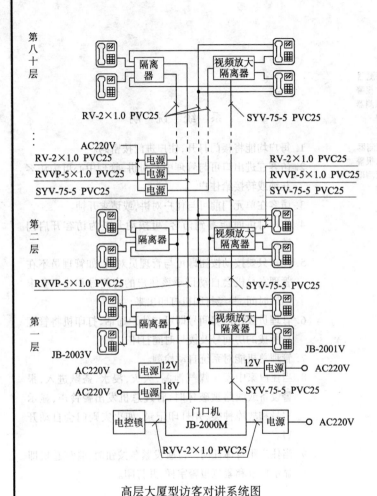

高层大厦型访客对讲系统图

系 统 说 明

1. 本系统为可视和不可视兼容访客对讲系统,根据用户的需要室内对讲分机可选用室内可视对讲分机或不可视对讲分机,本系统无管理机。

2. 系统功能

(1)来访者按下相应的住户号码,室内对讲分机发出铃声,显示出图像,来访者听到门口主机的回铃声。

(2)住户拿起室内分机与来访者对讲,住户按下自动开锁,单元楼门上的电控锁打开,来访者进门后闭门器会自动将门关闭。

(3)住户在室内分机上按监视键,分机显示单元楼门处的图像。

3. 系统参数:

(1)适用范围:大厦型和普通型楼宇,40层以下,19户/层。

(2)电源:AC220V(主机单元),DC12V、AC18V(分机电源)。

(3)功耗(带50个分机时):待机状态时小于等于200mA,工作状态时小于等于500mA。

(4)摄像机:1/3黑白CCD,视角大于等于78°,最低照度为0.2lx,夜视光源为6个红外LED。

(5)键盘:夜光键盘。

(6)自动关机时间:60s。

(7)1个隔离器电源可带30个隔离器,电源安装在弱电竖井内。

(8)1个视频放大隔离器电源一般一幢楼一个,电源安装在弱电竖井内。

图名	楼宇可视对讲系统示意图(三)	图号	AF 4—3(三)

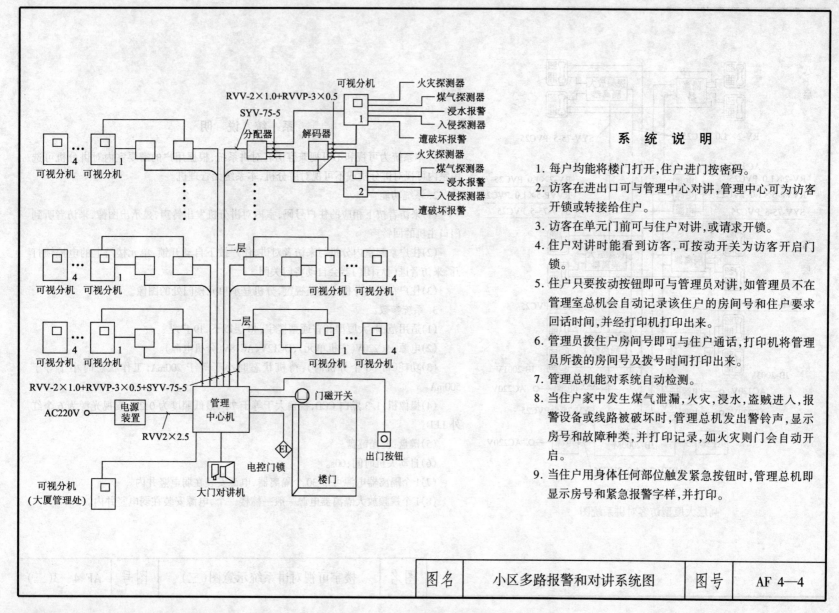

系 统 说 明

1. 每户均能将楼门打开,住户进门按密码。
2. 访客在进出口可与管理中心对讲,管理中心可为访客开锁或转接给住户。
3. 访客在单元门前可与住户对讲,或请求开锁。
4. 住户对讲时能看到访客,可按动开关为访客开启门锁。
5. 住户只要按动按钮即可与管理员对讲,如管理员不在管理室总机会自动记录该住户的房间号和住户要求回话时间,并经打印机打印出来。
6. 管理员拨住户房间号即可与住户通话,打印机将管理员所拨的房间号及拨号时间打印出来。
7. 管理总机能对系统自动检测。
8. 当住户家中发生煤气泄漏,火灾,浸水,盗贼进入,报警设备或线路被破坏时,管理总机发出警铃声,显示房号和故障种类,并打印记录,如火灾则门会自动开启。
9. 当住户用身体任何部位触发紧急按钮时,管理总机即显示房号和紧急报警字样,并打印。

| 图名 | 小区多路报警和对讲系统图 | 图号 | AF4—4 |

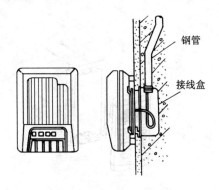

1. 对讲门口主机明装方法

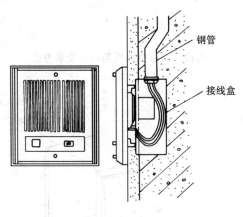

2. 对讲门口主机暗装方法

安 装 说 明

1. 对讲机安装高度中心距地面 1.3～1.5m。
2. 对讲门口主机(室外)安装时，主机与墙之间为防止雨水进入，要用玻璃胶封堵缝隙。

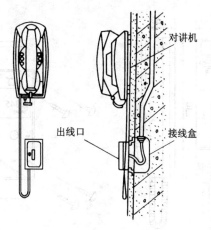

3. 室内对讲机安装方法(一)

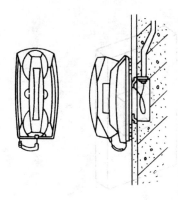

4. 室内对讲机安装方法(二)

| 图名 | 楼宇对讲系统对讲机安装方法(一) | 图号 | AF 4—5(一) |

207

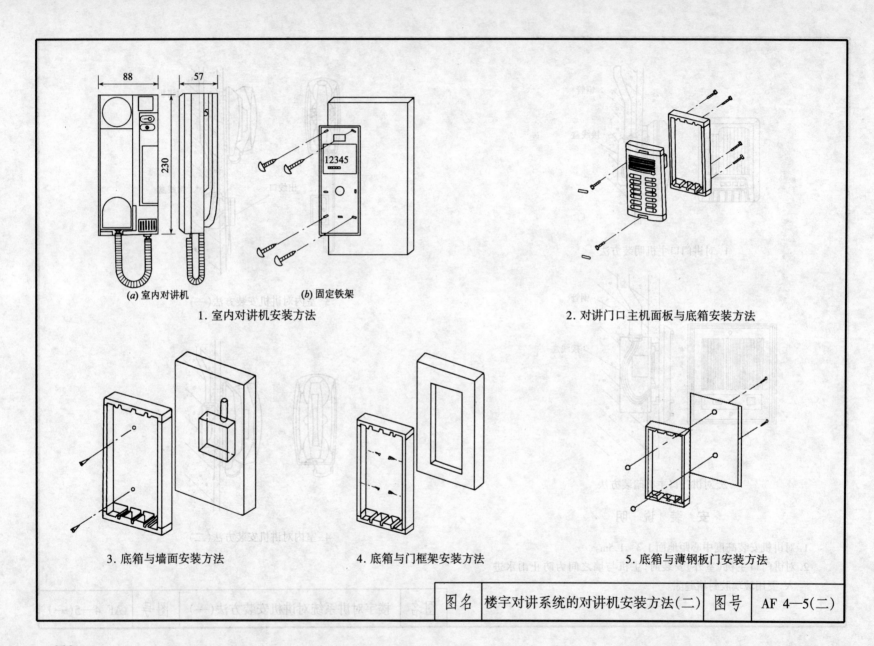

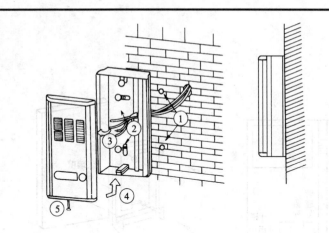

1. 对讲门口主机明装方法

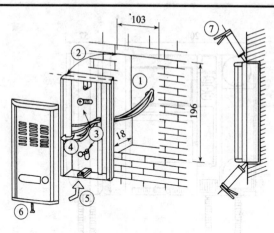

2. 对讲门口主机暗装方法(一)

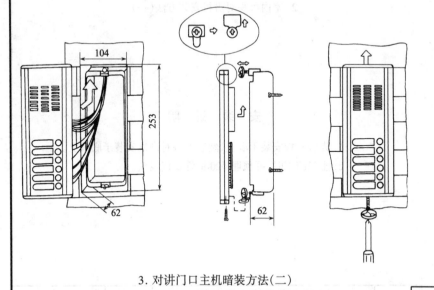

3. 对讲门口主机暗装方法(二)

安 装 说 明

1. 对讲门口主机明装步骤:(1)在墙钻孔后装入塑料胀管;(2)安装对讲门口主机底盒;(3)接线;(4)安装对讲门口主机;(5)上紧螺丝。

2. 对讲门口主机暗装步骤:(1)预埋接线盒;(2)嵌入对讲门口主机底盒;(3)安装对讲主机底盒;(4)接线;(5)安装对讲主机;(6)上紧螺丝;(7)用玻璃胶封堵四边,以防止雨水进入对讲门口主机内。

3. 对讲门口主机安装高度为底边距地1.4m。

图名	楼宇对讲系统的对讲机安装方法(三)	图号	AF 4—5(三)

209

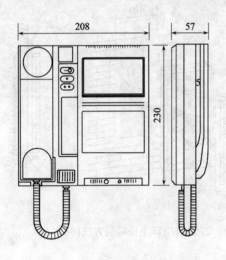

1. 室内可视对讲分机规格尺寸

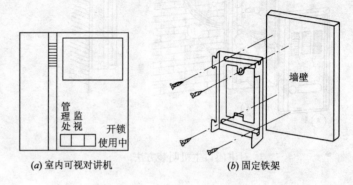

(a) 室内可视对讲机　　(b) 固定铁架

2. 室内可视对讲机安装方法(一)

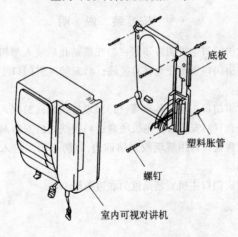

3. 室内可视对讲机安装方法(二)

安装说明

1. 先将底板安装于墙上,然后再将对讲机安装于底板上。
2. 土建施工时,可预埋 φ20 钢管及接线盒。

| 图名 | 楼宇对讲系统室内可视对讲机安装方法(一) | 图号 | AF 4—6(一) |

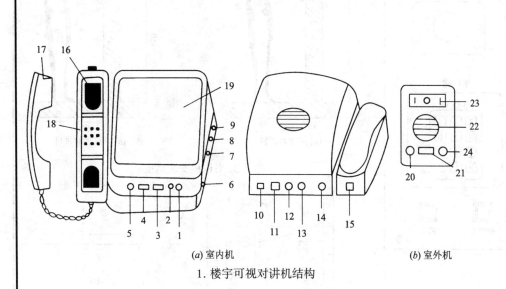

(a) 室内机

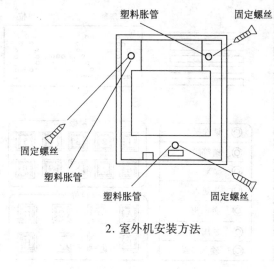

(b) 室外机

1. 楼宇可视对讲机结构

1—电源开关；
2—工作指示开关；
3—监视按键；
4—开锁按键；
5—制式转换开关；
6—音量控制旋钮；
7—场频调节旋钮；
8—亮度调节旋钮；
9—对比度调节旋钮；
10—门锁电控插座；
11—DC 12V 电源输入；
12—视频输入输出插座；
13—音频输入输出插座；
14—220V 交流线孔；
15—室外机连接插座；
16—收线开关；
17—话筒；
18—扬声器；
19—显示屏；
20—工作指示灯；
21—门铃按钮；
22—扬声器；
23—摄像头；
24—微音器。

安 装 方 法

1. 室外机安装方法

(1) 在离地面 1.4m 的室外墙上，把随机所配的底板，用螺丝固定在墙上。

(2) 安装室内机，室外机后背接线柱所标记的功能一一对好，然后用力按压把室外机装好在挂板上，就可以试机了。

2. 楼宇可视对讲机安装方法

(1) 门口主机和室内可视分机安装距地面高度为 1.5m 便于观看的地方。非可视分机安装在摘取话筒方便的地方。

(2) 电源安装在离门口主机附近墙内，距离不要超过 2m。接好输入输出线和蓄电池插线，锁好电源箱。交流输入电源应在配电箱中单独用一分合器，保险用 0.1A。

| 图名 | 楼宇对讲系统室内可视对讲机安装方法（二） | 图号 | AF 4—6（二） |

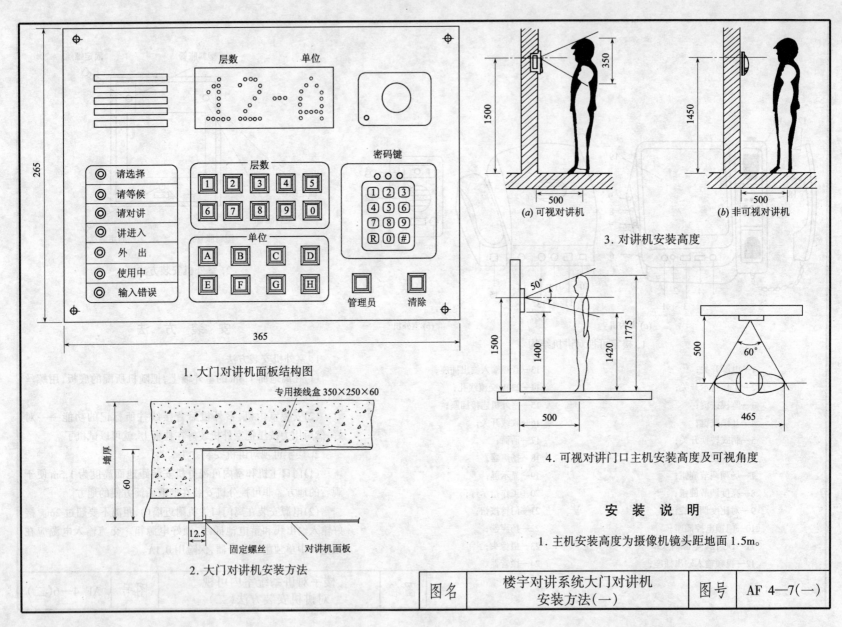

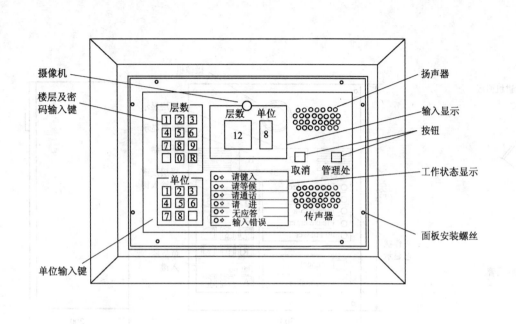
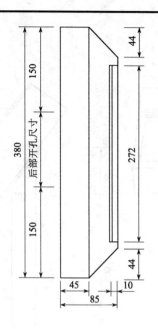
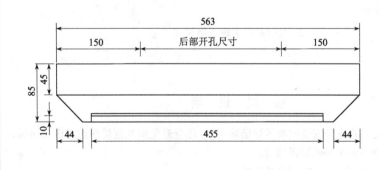

安 装 说 明

大门对讲机面板由1.5mm不锈钢板制成,安装在大厦入口处的墙上,安装高度为摄像机镜头距地1.5m。在建筑及装修施工时,配合完成配管及接线盒的预埋,对讲机安装完成后,在与墙面接触部位用玻璃胶封堵防水。住户进入大厦时,先按R键,再按四位数字密码,即可进入大厦。访客按所访问住户的楼层数,再按单位号码,经与住户对话后,住户确认身份,开启住户内的开门按钮,访客可进入大厦,访客也可按"管理处"键与管理员通话。

图名	楼宇对讲系统大门对讲主机安装方法(二)	图号	AF 4—7(二)

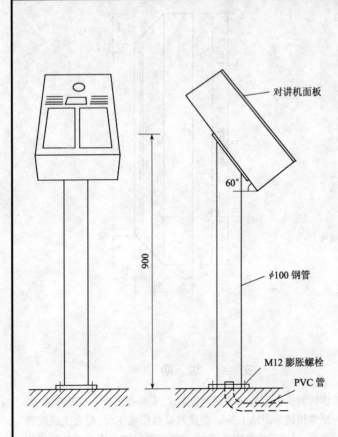

1. 大门对讲主机落地安装方法

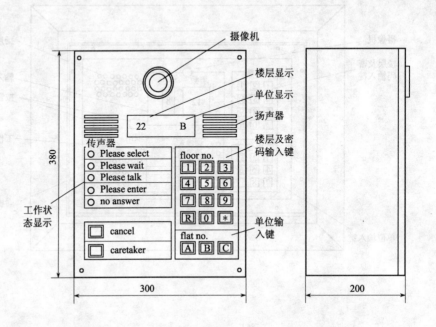

2. 大门对讲主机规格尺寸

安 装 说 明

1. 大门对讲主机在室外安装时要做好防雨措施,还应避免阳光直接照射对讲机面板,对讲机外壳可使用不锈钢板制造。
2. 在地面施工时配合进行穿线管的预埋。

| 图名 | 楼宇对讲系统大门对讲主机安装方法(三) | 图号 | AF 4—7(三) |

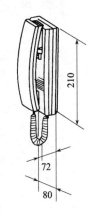

1. 对讲电话分机规格尺寸

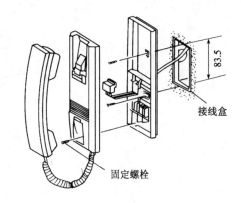

2. 对讲电话分机壁装方法

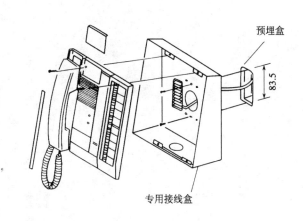

3. 对讲电话主机壁装方法

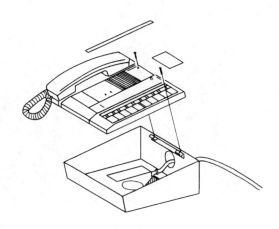

4. 对讲电话主机在桌上安装方法

| 图名 | 对讲电话安装方法 | 图号 | AF 4—8 |

5 巡更系统

5 流更系怨

安 装 说 明

巡更系统既可以用计算机组成一个独立的系统,也可以纳入整个监控系统。但对于智能化的大厦或小区来说,巡更管理系统也可与其他子系统合并在一起,以组成一个完整的楼宇自动化系统。

巡更系统的主要功能和作用是:保证巡更值班人员能够按巡更程序所规定的路线与时间到达指定的巡更站进行巡逻,同时保护巡更人员的安全。

巡更系统一般可分为在线巡更和离线巡更两种。

1. 在线巡更系统

在线巡更系统主要由巡更站、控制器及监控中心计算机等组成。

在线巡更系统通常在大厦施工时完成巡更系统的设计及安装。优点是可及时传送巡更信息到管理中心。缺点是不能变动巡更站位置,增加巡更站时,需要进行巡更线路的敷设。

使用方法是巡更人员在规定的时间内到达指定的巡更站,使用专门钥匙开启巡更开关,向系统监控中心发出"巡更到位"的信号,系统监控中心在收到信号的同时将记录巡更到位的时间、巡更站编号等信息。如果在规定的时间内指定的巡更站未收到巡更人员"到位"的信号,则该巡更站将向监控中心发出报警信号,如果巡更站没有按规定的顺序开启巡更站的开关,则未巡视的巡更站将发出未巡视的信号,同时中断巡更程序并记录在系统监控中心,监控中心应对此立即作出处理。

2. 离线巡更系统

离线巡更系统由管理计算机、信息下载传输器、巡更站(信息钮)、管理软件等组成。

离线巡更系统可方便地设置巡更站及改变巡更站的位置。由于离线式电子巡更系统具有工程周期短、无须专门布线、无须专用电脑、扩容方便等优点,因而适应了现代保安工作便利、安全、高效的管理,并为越来越多的现代企业、智能小区等采用。优点是设计灵活,巡更站可随时变动或增减。缺点是不能及时传送信息到监控中心。

使用方法是巡更员在指定的路线和时间内,由巡更员用信息采集器在信息钮上读取信息,通过下载传输器将信息采集器采集到的信息传输到计算机,管理软件便会识别巡更员号,显示巡更员巡更的路线和时间,并进行分析处理及打印。

3. 巡更系统安装方法

巡更站分为钥匙式、读卡式、非接触读卡式等。在线巡更系统要根据设计要求进行巡更线路的布置,巡更站通常安装在墙柱上,安装高度为1.4m。离线巡更系统巡更站可安装在墙上或其他物体上。

系统	甲级标准	乙级标准	丙级标准
巡更系统	1. 应编制保安人员巡查软件,应能在预先设定的巡查图中,用通行卡读出器或其他方式,对保安人员的巡查运动状态进行监督和记录,并能在发生意外情况时及时报警 2. 系统可独立设置,也可与出入口控制系统或入侵报警系统联合设置。独立设置的保安人员巡更系统应能与安全技术防范系统的中央监控室联网,实现中央监控室对该系统的集中管理与集中监控	1. 应编制保安人员巡查软件,应能在预先设定的巡查图中,应用读卡器或其他方式,对保安人员的巡查运动状态进行监督和记录,并能在发生意外情况时及时报警 2. 可独立设置,也可与出入口控制系统或入侵报警系统联合设置。独立设置的保安人员巡更系统应能与安全技术防范系统的中央监控室联网,满足中央监控室对该系统进行集中管理与控制的有关要求	1. 应编制保安人员巡查软件,应能在预先设定的巡查图中,应用适当方式对保安人员的巡查运动状态进行监督和记录,并能在发生意外情况时及时报警 2. 应能向管理中心提供决策所需的主要信息

注:智能建筑中各智能化系统应根据使用功能、管理要求和建设投资等划分为甲、乙、丙三级(住宅除外),且各级均有可扩性、开放性和灵活性。智能建筑的等级按有关评定标准确定。

图名	智能建筑巡更系统设计标准	图号	AF 5—1

系 统 说 明

在线式巡更系统通过巡更人员手持巡更卡,在每个巡更站安装的读卡器上读一下卡,读卡器将读到的卡片信息传给控制器,再由控制器通过485总线传递给计算机,以便计算机实时了解掌握巡更人员的巡更情况,该系统同传统的手持式巡更钟相比,有如下的优点:

(1)实时掌握巡更人员的巡更情况,如巡更人员当前所在的位置,哪些巡更站已经巡查,下一站巡更位置是什么,以及相应的巡更时间。

(2)保证巡更人员的人身安全。在线式巡更系统能够实时了解巡更人员的巡更情况,一旦巡更人员没有按指定的时间到达巡更站,系统将报警提示,坐在计算机前面的管理人员可以马上通过对讲机与巡更人员联络,了解巡更人员的目前状况,防止意外情况发生。尤其是在偏僻的地方巡更,该系统的优越性不言而喻。

(3)加强巡更人员的管理,实时监督巡更人员的工作情况。

(4)同门禁系统一起使用时,可以借助门禁系统已有的网络设施,如读卡器和控制器,节省投入的费用。

在线巡更系统结构图

图名	在线式巡更系统图	图号	AF 5—2

221

系统说明

系统包括巡更站、保安控制器、计算机等组成。

主机置于控制中心,各个巡更站分别安装在巡更人员必经的巡更路线上,巡更站与巡更站之间用四总线方式连接。当巡更人员携带巡更钥匙到达某巡更站时,插入钥匙并扭动,主机就会得到该巡更人员当时的位置和时间信息。根据设定的要求,巡更站还可同时作为紧急报警使用,如果在规定的时间内主机未收到某巡更站的信息,主机就会按设置等级提醒和实施自动报警功能。除此之外,主机还将巡更数据实时记录下来,以便考核存档。

若巡更站设计有传声器,巡更人员还可通过传声器与控制中心通话,将情况及时通报控制中心。

在线式巡更系统可及时传送信息到控制中心。

在建筑物施工期间,按照设计图纸要求完成在线巡更站系统的建设。每一个巡更站有一个固定的地址编号,每个巡更站需敷设导线。不宜增加及修改巡更站。

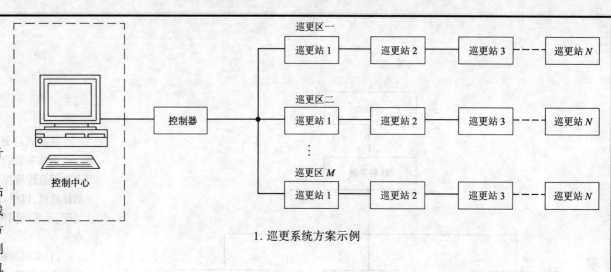

1. 巡更系统方案示例

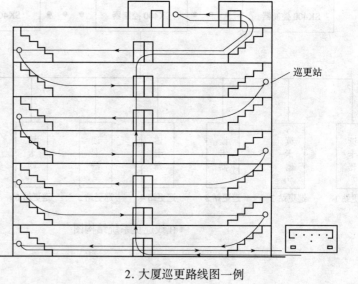

2. 大厦巡更路线图一例

| 图名 | 在线式巡更系统安装方法(一) | 图号 | AF 5—3(一) |

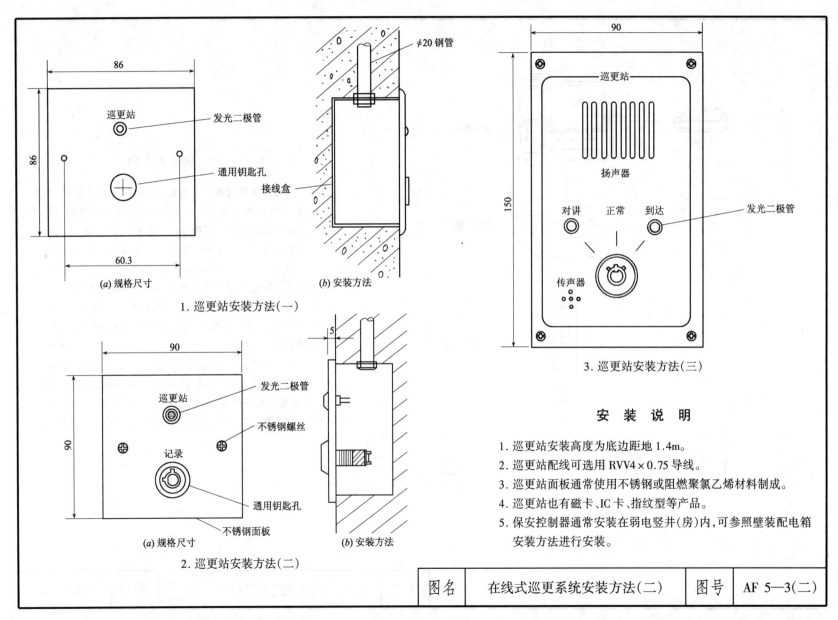

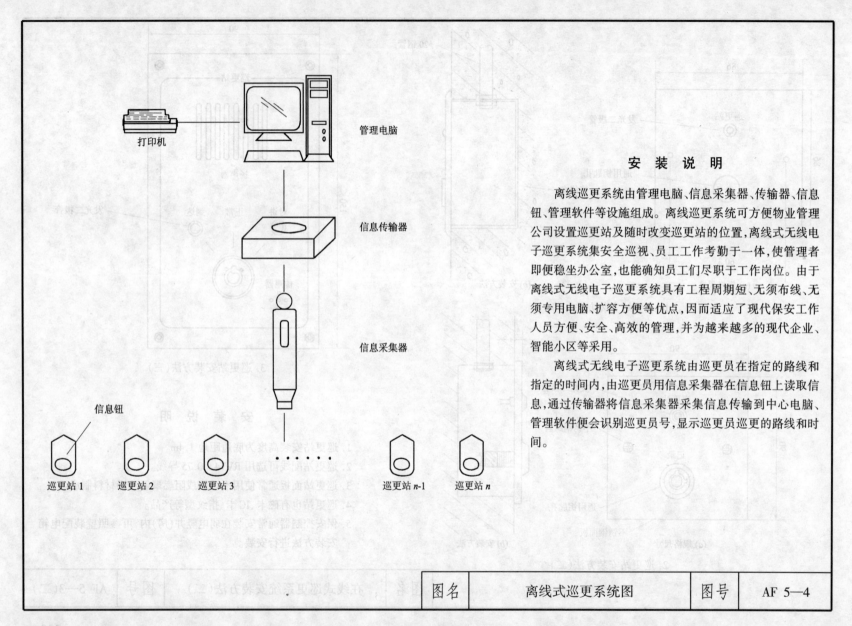

安装说明

离线巡更系统由管理电脑、信息采集器、传输器、信息钮、管理软件等设施组成。离线巡更系统可方便物业管理公司设置巡更站及随时改变巡更站的位置,离线式无线电子巡更系统集安全巡视、员工工作考勤于一体,使管理者即便稳坐办公室,也能确知员工们尽职于工作岗位。由于离线式无线电子巡更系统具有工程周期短、无须布线、无须专用电脑、扩容方便等优点,因而适应了现代保安工作人员方便、安全、高效的管理,并为越来越多的现代企业、智能小区等采用。

离线式无线电子巡更系统由巡更员在指定的路线和指定的时间内,由巡更员用信息采集器在信息钮上读取信息,通过传输器将信息采集器采集信息传输到中心电脑、管理软件便会识别巡更员号,显示巡更员巡更的路线和时间。

| 图名 | 离线式巡更系统图 | 图号 | AF 5—4 |

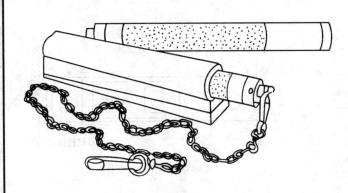

1. 电子巡更棒

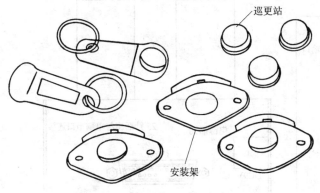

3. 钮扣式巡更站

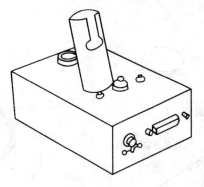

2. 资料传输器

系 统 说 明

巡更棒系统是离线式巡更系统设备的一种,他由巡更棒、传输器、钮扣式巡更站、计算机等组成。

巡更人员携带巡更棒进行巡更,到达每个巡更站时使用巡更棒轻触钮扣式巡更站,巡更棒就会将每个巡更站的名称、日期及时间记录下来,巡更完毕返回保安中心将巡更棒插入传输器,就可以处理上述信息,处理方法有两种:

(1)直接打印巡更信息

巡更棒用来记录巡更信息,巡更完成将巡更棒插入传输器,可通过计算机处理及打印出巡更日期、时间、地点等巡更报告。

(2)信息的远程传输

巡更棒记录的信息,可通过传输器或在远程位置通过调制解调器将数据下载至管理中心的计算机,然后将所有巡更站的数据与设定的数据进行比较处理,实现科学的管理。

电子巡更棒系统安装灵活,钮扣式巡更站可安装在任何位置或物体上,无需敷设导线,设置方便。

| 图名 | 电子巡更棒系统安装方法(一) | 图号 | AF 5—5(一) |

1. 信息钮

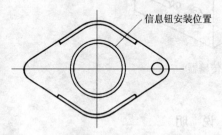

2. 信息钮固定座(巡更站信息钮用)

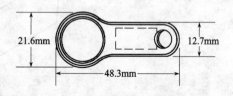

3. 信息钮匙扣(巡更员姓名钮及密码钮用)

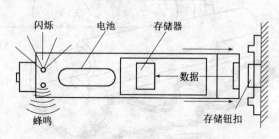

4. 巡更棒结构示意图

安 装 说 明

离线式巡更系统由巡更员在指定的路线和指定的时间内,用信息采集器在信息钮上读取信息,通过传输器将信息采集器采集到的信息传输到中心电脑、管理软件便会识别巡更员号,显示巡更员巡更的路线和时间。

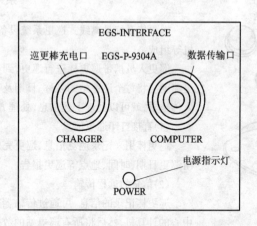

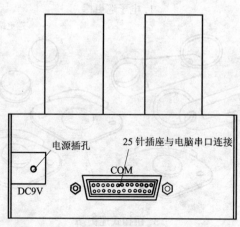

5. 资料传输器:用于传输巡棒中储存的数据和对巡更棒进行充电

| 图名 | 电子巡更棒系统安装方法(二) | 图号 | AF 5—5(二) |

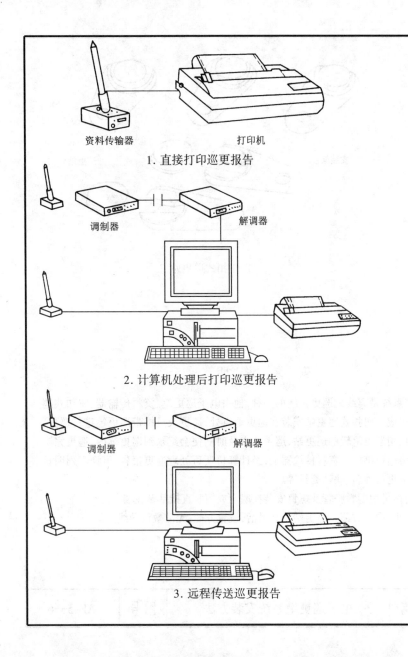

1. 直接打印巡更报告
2. 计算机处理后打印巡更报告
3. 远程传送巡更报告

4.巡更报告一例
某大厦巡更报告

路线:路线一(A座)　　巡更棒编号:298243
巡更员：

日　期	时　间	次序	地　点	备注	事故类型
2000年10月25日	06:42:49	1	电梯机房		
	06:44:08	2	加压泵房		
	06:45:08	3	8楼走廊		
	06:46:08	4	7楼走廊		
	06:47:08	5	6楼走廊		
	06:48:08	6	5楼走廊		
	06:49:00	7	4楼走廊		
		8	3楼走廊	漏巡	
	06:51:26	9	2楼平台花园		
	06:52:01	10	1楼水泵房		
	06:53:31	11	1楼商铺		
	06:57:05	12	外围地方		

巡更时间:0日0时14分46秒　　未完成路线:(11/12)

巡更总结报告

总巡更时间：　　　　　　　　　　0日0时14分46秒
已完成路线：　　　　　　　　　　　　　　　　11
未完成路线：　　　　　　　　　　　　　　　　 1
巡更速度：　　　　　　　　　　　　　　　　正常
错误次序：　　　　　　　　　　　　　　　　　无
漏巡：　　　　　　　　　　　　　　　　　　　1
巡更站点总数：　　　　　　　　　　　　　　　12
已完成站点总数：　　　　　　　　　　　　　　11

图名	电子巡更棒系统安装方法(三)	图号	AF 5—5(三)

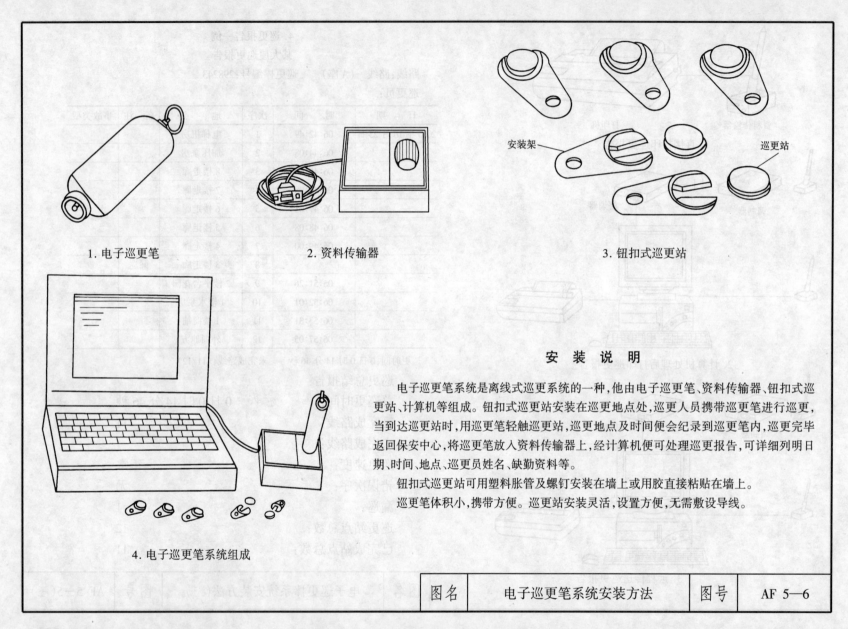

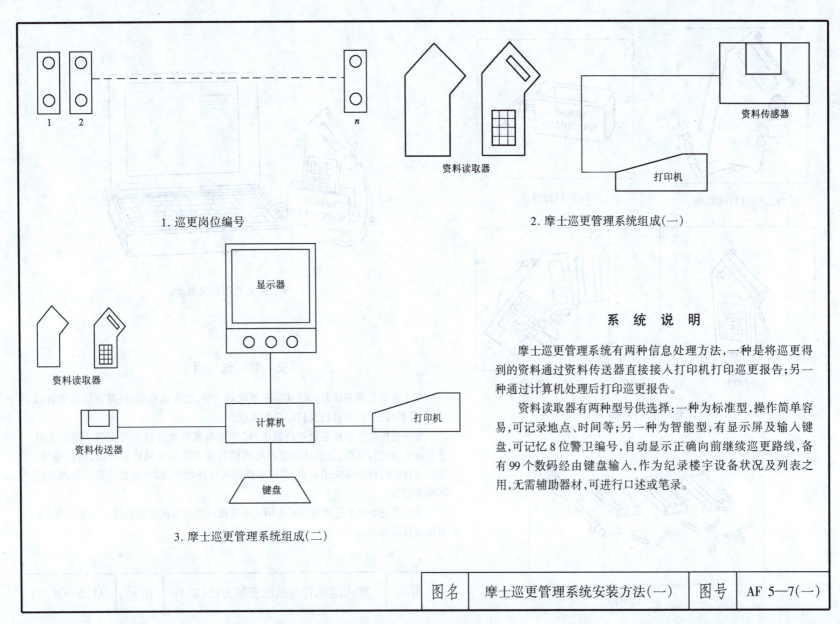

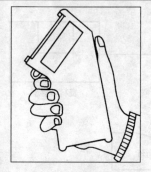
1. 标准型资料读取器

3. 资料传送器

(a) 读取器

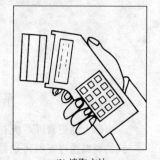
(b) 读取方法

2. 智能型资料读取器

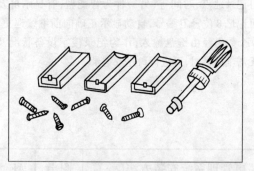
4. 巡更站

5. 摩士巡更管理系统组成

安 装 说 明

摩士巡更管理系统是离线式巡更系统的一种,他由巡查岗位(巡更站)、资料读取器、资料传送器、计算机及打印机等组成。

先将巡更站安装在巡更站位置上,可用塑料胀管及螺钉进行安装。巡更人员手持读取器进行巡更,当到达巡更站时将读取器对准巡更站读取数据,包括编号、地点、时间等,返回保安中心时,将读取器插入传送器中,即可通过计算机处理及打印巡更报告。

系统可达500个巡更站及6条指定不规则或受时限的巡更路线。安装容易,无需电线管及电线。

| 图名 | 摩士巡更管理系统安装方法(二) | 图号 | AF 5—7(二) |

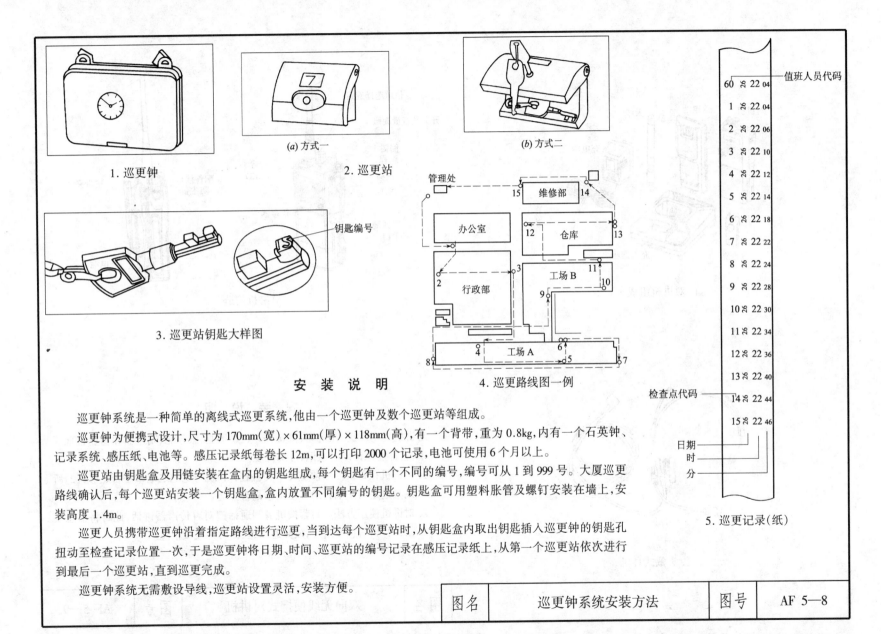

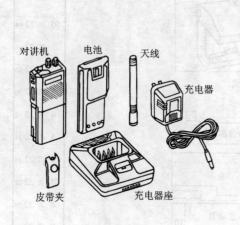

1. 对讲机组成

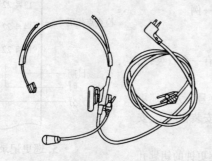

2. 头戴式耳机

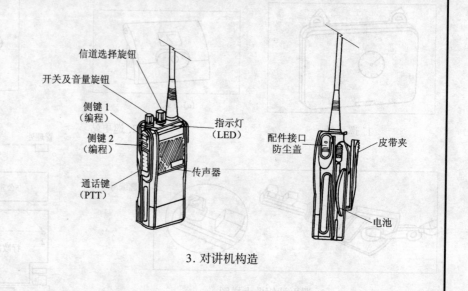

3. 对讲机构造

安 装 说 明

对讲机应用广泛,在机场、保安、部队、娱乐业、服务业、制造业和物业管理等行业中,它都能保证即时通讯,准确调度。

1. 对讲机在每次使用前应作下列检查:(1)机身电池之电量是否足够;(2)所调频道是否正确;(3)音量调整是否合适。

2. 对讲机使用方法:(1)紧按机身侧通话键对着传声器讲话,此时将信息发出;(2)当信息发出后,放开通话键,此时可接收信息。

| 图名 | 双向无线便携式对讲机 | 图号 | AF 5—9 |

6 停车场管理系统

导军政治警察法

安 装 说 明

停车场管理系统是利用高度自动化的机电设备对停车场进行安全有效的管理。由于尽量减少人工的参与,从而最大限度的减少人员费用和人为失误造成的损失,也避免了贪污事件的发生,大大提高整个停车场的安全性与使用效率,提高了管理水平。

1. 停车场的分类

停车场根据它的使用对象可划分为内部停车场、公用停车场及混合型停车场三大类。

(1) 内部停车场

内部停车场主要面向该停车场的固定车主与单位、公司及个人,一般多用于各单位自用停车场、公寓及住宅小区配套停车场及花园别墅等。此种停车场的特点是使用者固定,禁止外部车辆使用,使用者对设施使用的时间长,对车场管理的安全性要求严格,在早晚、上下班等高峰期出入密度较大,对停车场设备的可靠性及处理速度要求较高。

(2) 公用停车场

公用停车场主要为临时性散客提供时租停车服务的,公用停车场常见于大型公共场所,如车站、机场、体育场馆、商场等地方。车场设施使用者通常是临时一次性使用者,数量多、时间短。要求车场管理系统运营成本低廉,使用简便,设备牢固可靠,可满足收费等商业处理要求。一些大型的公用停车场往往有多个出入口,还要求各出入口和收费处的计算机联网。

(3) 混合型停车场

此类停车场即提供月租服务,同时也提供时租服务。多用于写字楼、住宅小区带商业服务的配套停车场。停车场管理服务及进出设备要求同时满足两种租客的服务要求。

2. 停车场设备

停车场管理系统应能根据各类建筑物的管理要求,对停车场的车辆通行道口实施出入控制、监视、行车信号指示、停车计费及汽车防盗报警等综合管理。

停车场管理系统由读卡机、自动出票机、闸杆机、感应线圈(感应器)、满位指示灯及计算机收费系统等组成。本章介绍停车场管理系统的类型及主要设备安装方法。

3. 停车场设备安装及调试方法

(1) 感应线圈及安全岛施工

停车场管理系统先进行感应线圈及安全岛的施工。

感应线圈应放在水泥地面上,可用开槽机将水泥地面开槽,线圈回路下100mm深处应无金属物体,线圈边500mm以内不应有电气线路。线圈安装完成后,在线圈上浇筑与路面材料相同的混凝土或沥青。

安全岛在土建施工前应预埋穿线管及接线盒,穿线管管口可高出安全岛100mm,管口应用塑料帽保护。

如设计有楼宇自控管理,需预埋穿线管到弱电控制中心。

(2) 入口读卡机安装

入口读卡机安装在停车场入口处,读卡机有磁卡读卡机、IC卡读卡机、感应式读卡机等。读卡机可用膨胀螺栓安装在安全岛上。

(3) 自动出票机及闸杆机安装

自动出票机及闸杆机按设计要求的位置用预埋螺栓或膨胀螺栓进行安装,安装时应调整设备的水平度。

(4) 满位指示灯安装

满位指示灯根据设计要求安装在墙上或杆上等处。安装高度不低于2.2m,具体高度由工程设计确定。

(5) 系统调试

设备安装后需进行系统调试,调试应在工程师指导下进行。并根据要求做好交工资料。

甲级标准	乙级标准	丙级标准
1. 应具有如下功能： (1) 入口处车位显示； (2) 出入口及场内通道的行车指示； (3) 车牌和车型的自动识别； (4) 自动控制出入闸杆机； (5) 自动计费与收费金额显示； (6) 多个出入口组的联网与监控管理； (7) 整体停车场收费的统计与管理； (8) 分层的车辆统计与在车位显示； (9) 意外情况发生时向外报警 2. 应在停车场的入口区设置出票机 3. 应在停车场的出口区设置验票机 4. 应自成网络，独立运行，可在停车场内设置独立的闭路电视监控系统或报警系统，也可与安全技术防范系统的闭路电视监控系统或入侵报警系统联动 5. 应能与安全技术防范系统的中央监控室联网，实现中央监控室对该系统的集中管理与集中监控	1. 应具有如下功能： (1) 入口处车位显示； (2) 出入口及场内通道的行车指示； (3) 自动控制出入闸杆机； (4) 自动计费与收费金额显示； (5) 多个出入口组的联网与监控管理； (6) 整体停车场收费的统计与管理； (7) 意外情况发生时向外报警 2. 应在停车场的入口区设置出票机 3. 应在停车场的出口区设置验票机 4. 应自成网络，独立运行，也可与安全技术防范系统的闭路电视监控系统和入侵报警系统联动 5. 应能与安全防范系统的中央监控室联网，满足中央监控室对该系统进行集中管理与控制的有关要求	1. 应具有如下功能： (1) 入口处车位显示； (2) 出入口及场内通道的行车指示； (3) 自动控制出入闸杆机； (4) 自动计费与收费金额显示； (5) 整体停车场收费的统计与管理； (6) 意外情况发生时向外报警 2. 应在停车场的入口区设置出票机 3. 应在停车场的出口区设置验票机 4. 应自成网络，独立运行 5. 应能向管理中心提供决策所需的主要信息

注：智能建筑中各智能化系统应根据使用功能、管理要求和建设投资等划分为甲、乙、丙三级（住宅除外），且各级均有可扩性、开放性和灵活性。智能建筑的等级按有关评定标准确定。

图名	智能建筑停车场管理系统设计标准	图号	AF 6—1

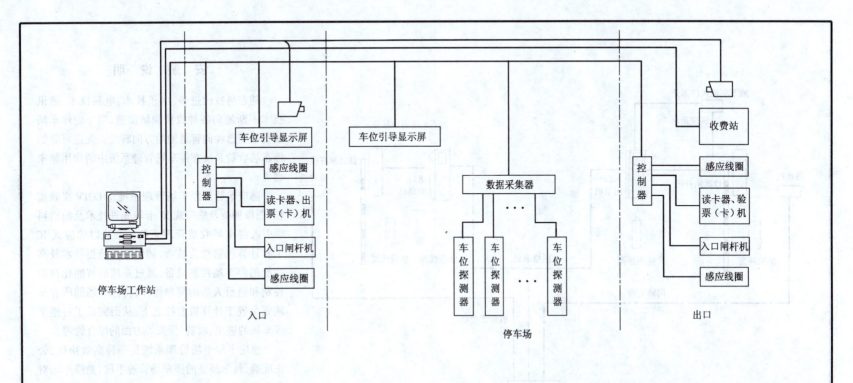

说　明

1. 本系统为具有车位引导功能的停车场管理系统。
2. 车位引导的工作原理：当车辆进出车库时，出、入口处的感应线圈将探测到的信息传送到停车场工作站。停车场工作站则根据车库内现有车位占用情况，计算出下一个最佳可停泊车辆的车位号，并将计算出的信息传送给车位引导显示屏，车位引导显示屏此时将显示出最佳空车位及行车路线。驾驶员在车位引导显示屏和各种引导标志的引导下，将车辆停泊在指定的车位上。此时安装在这个车位处的车位探测器探测到该车辆，并将该车位已被占用的信息发送给数据采集器。当车辆离开车位要驶出车库时，安装在这个车位处的车位探测器探测到信号发生变化，即可判断出该车位已无车辆停泊，并将该车位无车的信息发送给数据采集器。数据采集器对接收到的各车位信息实时进行处理，并将处理结果传送给停车场工作站。停车场工作站将这些信息存入系统数据库供查询统计，并实时地将有关车位使用状态发送给车位引导显示屏，使车位引导显示屏能实时显示出最佳空车位及行车路线。
3. 车位探测器可选用超声波、红外线、感应线圈或压电橡胶等类型的探测器。

| 图名 | 停车场管理系统方案 | 图号 | AF 6—2 |

安 装 说 明

随着科技的进步，电子技术、电脑技术、通讯技术不断地向各种收费领域渗透，当今的停车场收费系统已经向智慧型的方向转变。先进可靠的停车场收费系统在停车场管理系统中的作用越来越大。

感应卡智能停车场管理系统将CCTV视频监控、图像捕捉及感应式IC卡等先进技术及前沿科学引入停车场收费管理系统。系统以感应式IC卡和计算机管理为核心，辅以图像捕捉技术及高性能的停车场控制设备，通过系统的智能化自动控制和值班人员的简单操作，将停车场的所有车辆完全置于计算机监控之下，从而完成了对整个停车场的进出、收费、保安等方面的综合管理。

感应卡停车场管理系统是一种高效快捷、公正准确、科学经济的停车场管理手段，是停车场对于车辆实行动态和静态管理的综合。从用户的角度看，其服务高效、收费透明度高、准确无误；从管理者的角度看，其易于操作维护、自动化程度高、大大减轻管理者的劳动强度；从投资者角度看，彻底杜绝失误及任何形式的作弊，防止停车费用流失，使投资者的回报有了可靠的保证。

系统以感应卡为资讯载体，通过感应卡记录车辆进出资讯，利用电脑管理手段确定停车计费金额，结合工业自动化控制技术控制机电一体化周边设备，从而控制进出停车场的各种车辆。

系统组成示意图

| 图名 | 感应卡停车场管理系统(一) | 图号 | AF 6—3(一) |

安装说明

现代化停车场车辆收费及设备自动化管理我们统称停车管理系统,该系统是将机械、电子计算机和自控设备以及智能IC卡技术有机的结合起来,通过电脑管理可实现车辆出入管理、自动存储数据等功能,并且该管理系统可实现脱机运行,在电脑出现故障的情况下仍可保证车辆的正常进出,是现代化企业管理的理想设施。

1. 车辆管理系统设备

车辆出入自动管理设备可划分为:车辆自动识别子系统、收费子系统、保安监控子系统等等。通常包括中央控制计算机、自动识别装置、时租车票发放及检验装置、自动闸杆机、车辆感应器、监控摄像机、可控提示牌等。

2. 管理中心

停车场管理软件采用WINDOWS操作平台,管理系统除通过系统控制器负责与出入口读卡器、时租卡发卡器通讯外,同时,还负责收集、处理地下车场内车位的停车信息,以及负责对电子显示屏和满位显示屏发出相应的控制信号,负责对报表打印机发出相应的控制信号,同时完成车场数据采集下载,查询打印报表、统计分析、系统维护和固定卡发售功能。系统软件能够自动的将接受的数据进行整理、合理排序,提供方便的查询功能。管理者可以随时查询停车场运转情况,收款情况,固定卡的进出次数、时间、卡内余款等。

系统布线图

图名	感应卡停车场管理系统(二)	图号	AF 6—3(二)

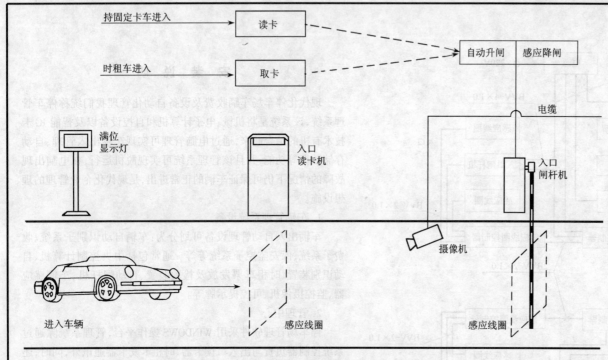

停车场入口设备布置及车辆入场方法

安装说明

1. 总体设计

车场计划配置了一套由感应卡停车场收费系统,停车场系统有一个进口,时租车按出票机发卡进入车场;固定卡车辆感应进入车场。出口设置收费控制电脑,固定卡感应确认后便可出场;时租车在出场时,将时租卡交给保安,保安根据刷卡结果收取该时租车所需缴纳金额,对比车型和车号后,时租车出场。系统在感应卡停车管理系统的基础上配置图像捕捉对比系统,图像捕捉系统完成对进出场车辆图像的捕捉对比,包括车型,颜色,车牌号等。

2. 入口部分

（1）时租车辆进入

时租车辆进入停车场时,设在车道下的车辆感应线圈检测车到,入口机发出有关语音提示,指导司机操作;同时启动读卡机操作。司机按取卡键后,出票机即发出一张感应卡。司机在读卡区读卡,自动闸杆机栏杆抬起放行车辆,同时现场控制器将记录本车入场日期、时间、卡片编号、进场序号等有关信息并上传至管理主机。车辆通过后闸杆机栏杆自动放下,地感线圈能够感应到车辆是否通过并具有防砸车及防无卡车跟随入内功能。

（2）固定车辆进入

固定车辆进入停车场时,设在车道下的车辆感应线圈检测车到,启动读卡器工作。当司机读卡,读卡器读取该卡的特征和有关信息,判断其有效性。若有效,自动闸杆机栏杆放行车辆。车辆通过后栏杆自动放下;若无效,发出语音提示,不允许车辆进入。固定停车户可以使用系统提供的不同类型的卡片（普通卡、贵宾卡、免费卡、月租卡、季租卡、年租卡、打折卡等）。感应线圈能够感应到车辆是否通过并具有防砸车及防无卡车跟随入内功能。

| 图名 | 感应卡停车场管理系统(三) | 图号 | AF 6—3(三) |

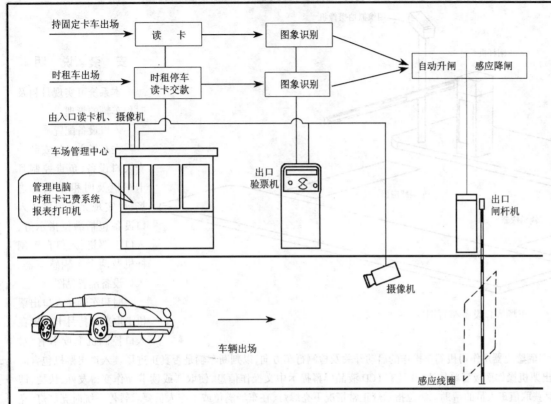

车场出口设备布置及车辆出场方法

安 装 说 明

1. 出口部分

出口部分主要由感应卡读卡器、车辆感应器、自动闸杆机、车辆检测线圈组成。

时租车驶出停车场时，在出口处，司机将感应卡交给收费员，收费电脑根据感应卡纪录信息自动计算出应交费，并通过收费显示牌显示，提示司机交费。收费员收费确认无误后，按确认键，闸杆机升起。车辆通过埋在车道下的车辆检测线圈后，闸杆机自动落下，同时收费电脑将该车信息记录到交费数据库内。

固定卡车辆驶出停车场时，设在车道下的车辆检测线圈检测车到，司机把固定卡在出口验票机感应器 15cm 距离内掠过，出口验票机内感应卡读卡器读取该卡的特征和有关感应卡信息，判别其有效性。若有效，闸杆机起杆放行车辆，车辆感应器检测车辆通过后，栏杆自动落下；若无效，则报警，不允许放行。

2. 使用说明

(1) 时租车辆驶出

时租车辆驶出停车场时，在出口处，司机将感应卡交给管理员，电脑根据卡片上记录信息进行核对收费，开启自动闸杆机栏杆，予以放行，时作语音提示。电脑将该车信息存储到数据库内。车辆驶出后，闸杆机自动落下。

(2) 固定卡车辆驶出

固定卡车辆驶出停车场时，在出口处，司机拿卡在读卡器前读卡，此时读卡器读取该卡的特征和有关信息，判别其有效性。若有效，自动闸杆机栏杆自动抬起放行，车辆驶出后，栏杆自动落下；落无效，进行语音提示，不允许放行。

| 图名 | 感应卡停车场管理系统(四) | 图号 | AF 6—3(四) |

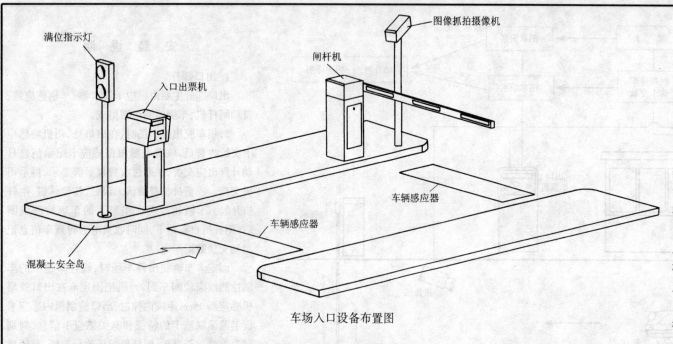

车场入口设备布置图

安装说明

本系统可实现月租及时租车辆的管理。

入口设备配置

在车场入口处安装一套入口设备,负责控制月卡车辆及时租车辆的进场,可实现无人值守。入口设备包括满位指示灯、入口出票机、入口自动闸杆机及两个车辆感应器。入口设备配置见图。

时租车辆在入口出票机上取票或持月卡车辆在入口控制机上读卡有效,闸杆机自动升杆,车辆进入后,栏杆自动降杆。两个车辆感应器用作司机驾车操作的启动开关及检测行车方向,以判断车辆是否真正进场。入口出票机包含时租出票及月卡感应功能,月卡读卡距离15cm。入口出票机操作面板简单易读,并且有LCD液晶屏幕提示中文操作信息,使取票或读卡操作变得友好、快捷,即使遇到问题,也可以通过操作面板上的帮助按钮及时获取值班人员的帮助。满位指示灯正常情况下亮绿灯,在车场满位或工作人员要求暂停系统时亮红灯,亮红灯时入口出票机停止出票、禁止读卡,LCD显示屏显示"暂停使用 车位已满"字样,系统入口取票/读卡控制机增加了一些智能控制功能,有效增强了系统的安全性和稳安性,主要有以下几点:

(1)同一辆车在取票的同时读卡无效,或在读卡的同时取票无效,这样可以有效防止取票读卡同时进行导致虚增进场车辆情况的发生。
(2)同一辆车一张只能取一张票。
(3)车辆取票后没有进场,在车辆退出后该张票自动失效。
(4)防月卡反传功能,即已进场月卡在出场之前无法再次进入,或没有进场的月卡不能在出口处读卡出场。

| 图名 | 感应卡/出票停车场管理系统(一) | 图号 | AF 6—4(一) |

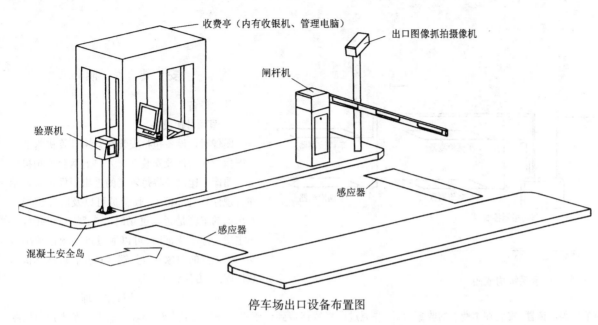

停车场出口设备布置图

安 装 说 明

出口设备及收费管理设备配置
标准配置的单进单出系统是出口收费型系统,出口设备与收费设备共同设置在车场的出口处,负责控制月卡车辆和临时缴费车辆的出场。出口设备及收费管理设备配置见图。

1. 出口设备

出口设备包括出口验票机、出口闸杆机及两个车辆感应器。出口验票机只有月租卡感应功能,读卡距离15cm,持月租卡车辆在出口验票机上读卡有效,出口闸杆机栏杆自动升杆,车辆出场后,栏杆自动降杆。验票机同时有 LED 指示灯指示其工作状态,方便持卡者及时知道读卡操作的有效性,即使遇到问题,也可以通过操作面板上的帮助按钮及时获取值班人员的帮助。两个车辆检测器用作司机驾车操作的启动开关及检测行车方向,以判断车辆是否真正出场。

2. 收银管理设备

收银管理设备包括收银机、条形码阅读器、发票打印机及管理计算机,放置在出口处的收费厅内,管理计算机也可以放在远处的管理中心。收银设备负责对时租车进行收费,时租车要出场时,条形码阅读器读票,收银机的液晶屏幕显示票号、停车时间、进出场时间及收费金额数据,缴费后,按压收银机机确认键升杆放行车辆,车辆出场后,栏杆自动降杆。在收费过程中,可以随时按压发票打印键打印发票。收银机可以脱离计算机独立运行,并且可以保存 10000 条以上收费记录,与管理计算机联机后,记录自动送计算机保存。管理计算机安装有停车场系统管理软件,负责设定收费标准、发行/修改/删除月卡、统计历史数据、打印收费报表及实现图像对比功能等等。

| 图名 | 感应卡/出票停车场管理系统(二) | 图号 | AF 6—4(二) |

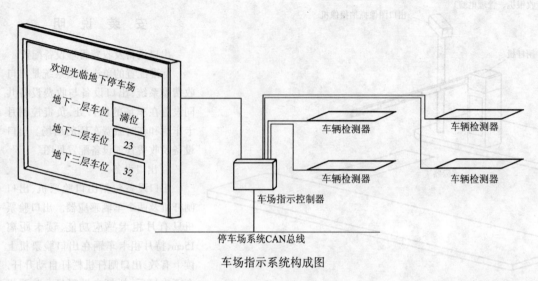

车场指示系统构成图

安 装 说 明

其他设备

1. 图像对比设备

图像对比设备包括安装在管理计算机内的一套图像对比套件及安装在出入口的两台抓拍摄像机。图像对比设备将每辆车的进出图像实时显示在管理计算机屏幕上,收费员可以及时知道当前要出场的车辆是否与进场时的车型一致,并且当车主遗失停车凭证时,可以通过进场图像解决争端。抓拍到的图像可以长期保存在管理计算机的数据库内,方便将来查证。

2. 扩展功能——消费折扣处理

消费折扣设备只包括一个折扣用的条形码阅读器,安装在消费点的收银台处,并通过网络线连接到位于停车场出口收费处的收银机上。车主消费结账时,在折扣阅读器上读时租停车票,若读票有效,阅读器会闪烁绿灯,表明停车管理收银机已按预设的标准进行了折扣或免费标记,待车主驾车出场时会自动进行折扣或免费处理。

3. 扩展功能——车场指示系统

车场指示系统用于分层或分区车库,以指示各层或各区的车位使用情况,既方便车主及时寻找空车位,又利于各层或各区车位的合理占用。

车场指示系统包括车位指示屏、车流量检测器及车场指示控制器。系统配置见上图。

车位指示屏采用高亮度 LED 发光管制作而成,规格为 3m×1.5m,安装在停车场入口处,用来实时显示各层(区)的空车位数,如果某层满位,则该层显示"满位";在各层(区)的出入口处均暗埋一个车辆检测器,用来计算各层(区)的在场车辆数,车场指示控制器与系统 CAN 总线相连,该控制器接收车检信号计算各层车位数并控制车位指示屏显示,同时车位数据通过总线送停车场管理系统,停车场管理系统可以通过管理计算机随时设定或修改各层的总车位数或空车位数。

| 图名 | 感应卡/出票停车场管理系统(三) | 图号 | AF 6—4(三) |

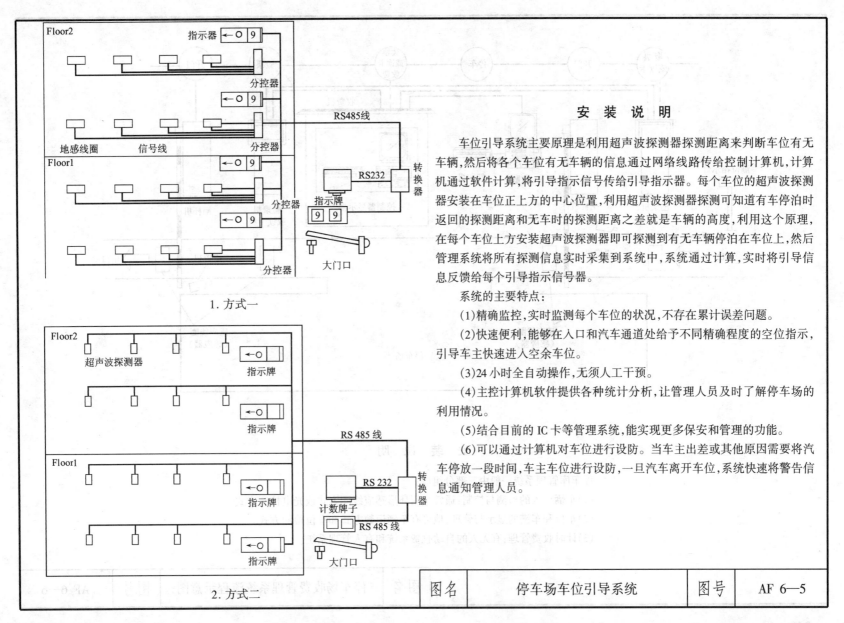

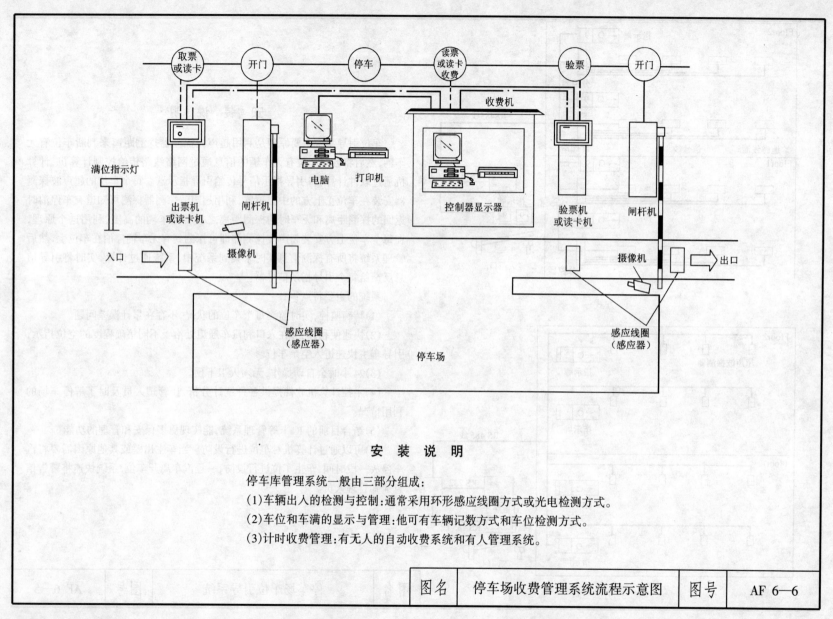

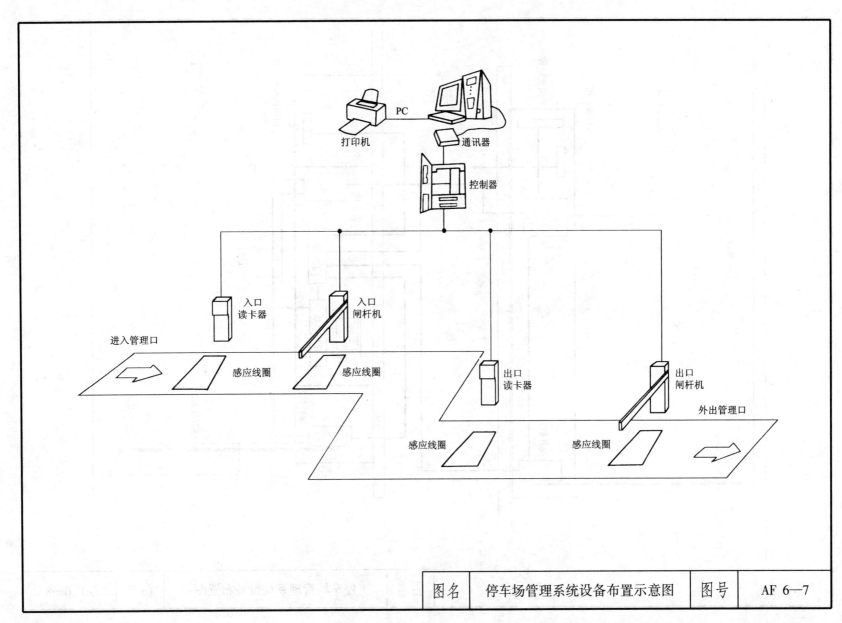

停车场管理系统设备布置示意图 AF 6—7

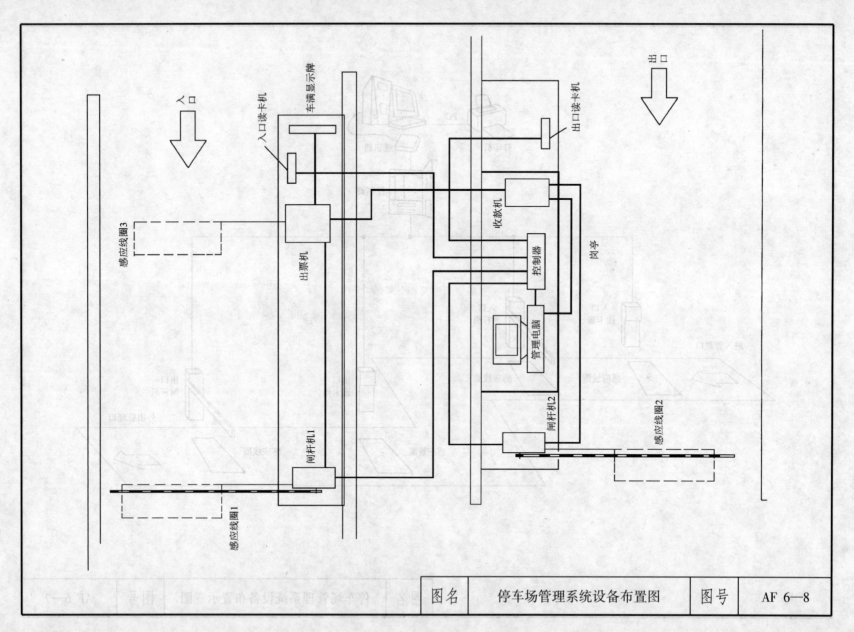

图名 停车场管理系统设备布置图　图号 AF 6—8

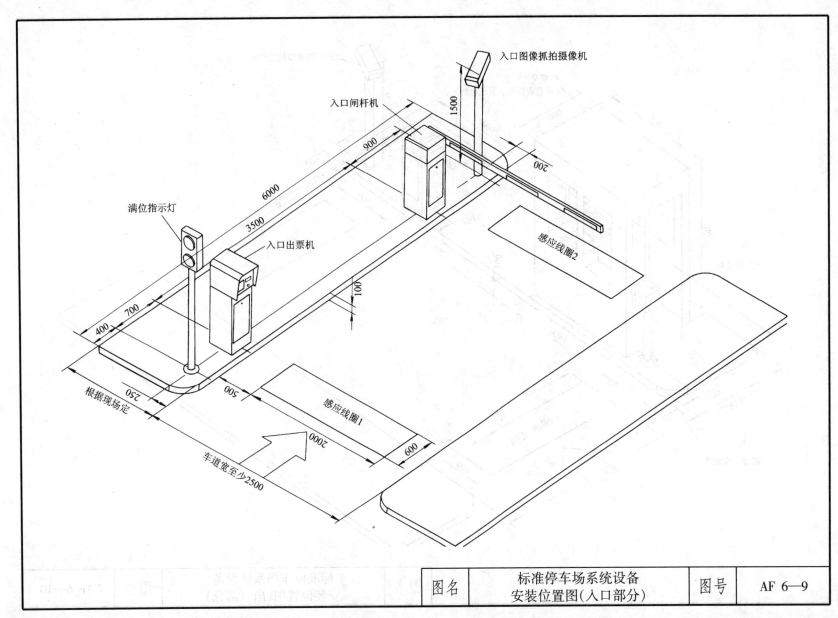

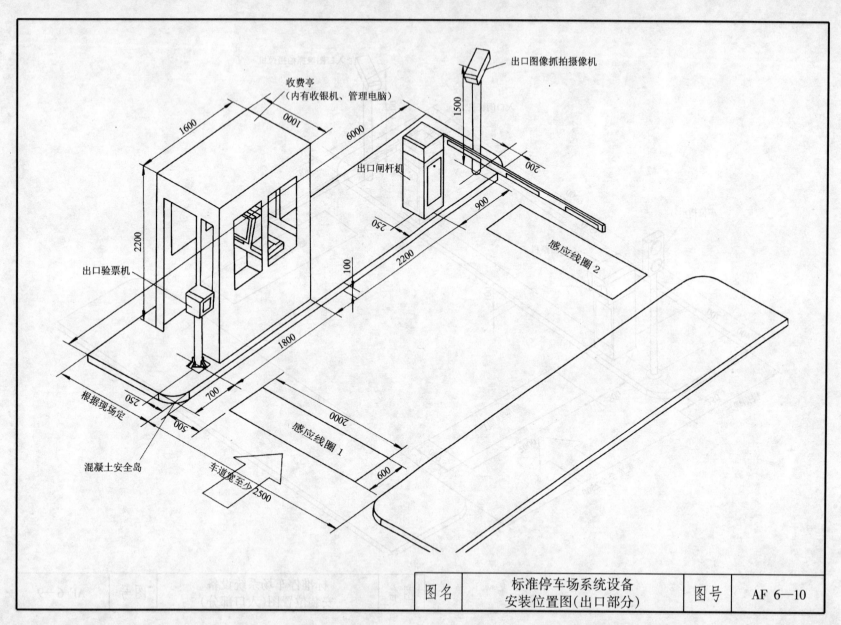

| 图名 | 标准停车场系统设备安装位置图(出口部分) | 图号 | AF 6—10 |

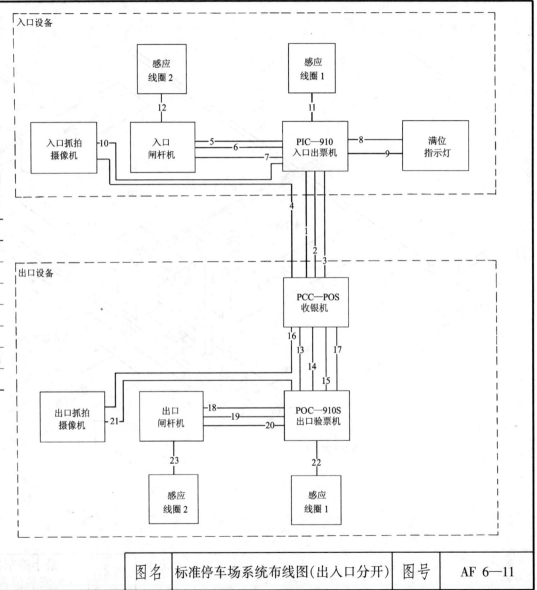

安 装 说 明

电 缆 选 型 表

线 号	线缆类型	用 途
1、5、8、10、13、18、21	RVV-3×1mm²	220VAC 电源线
2、14	RVVP-2×0.5mm²	通讯线
3、17	RVV-2×0.3mm²	对讲信号线
4、16	SYV-75-5	视频信号线
6、17、19	RVV-6×0.3mm²	闸杆机控制线
7、11、12、20、22、23	双绞 2×0.5mm²	感应线圈引出信号线
9	RVV-4×0.3mm²	满位信号灯控制线

图名	标准停车场系统布线图(出入口分开)	图号	AF 6—11

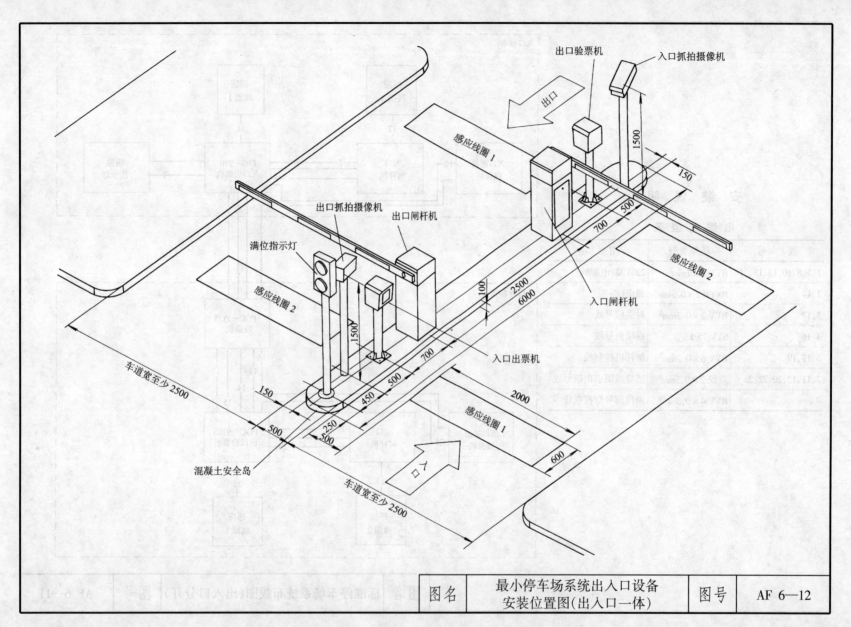

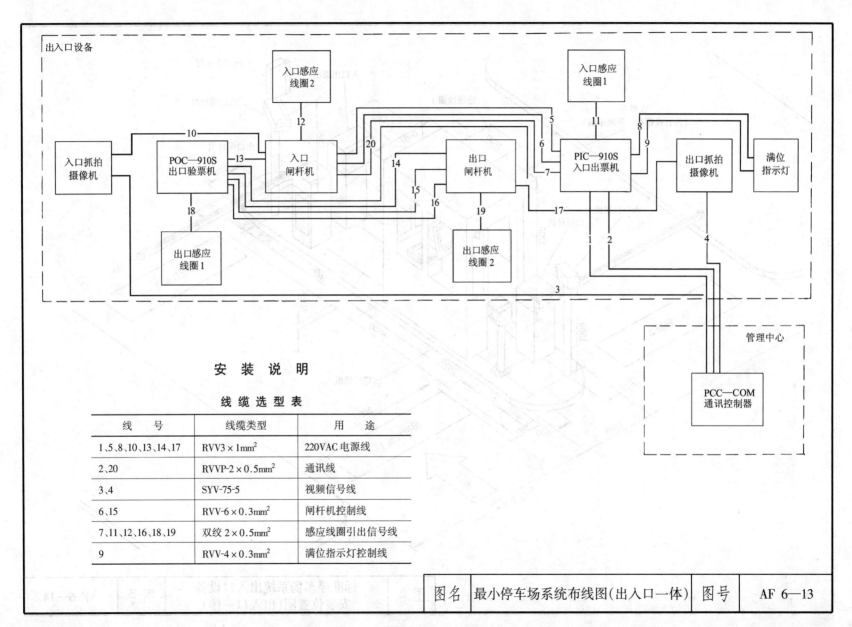

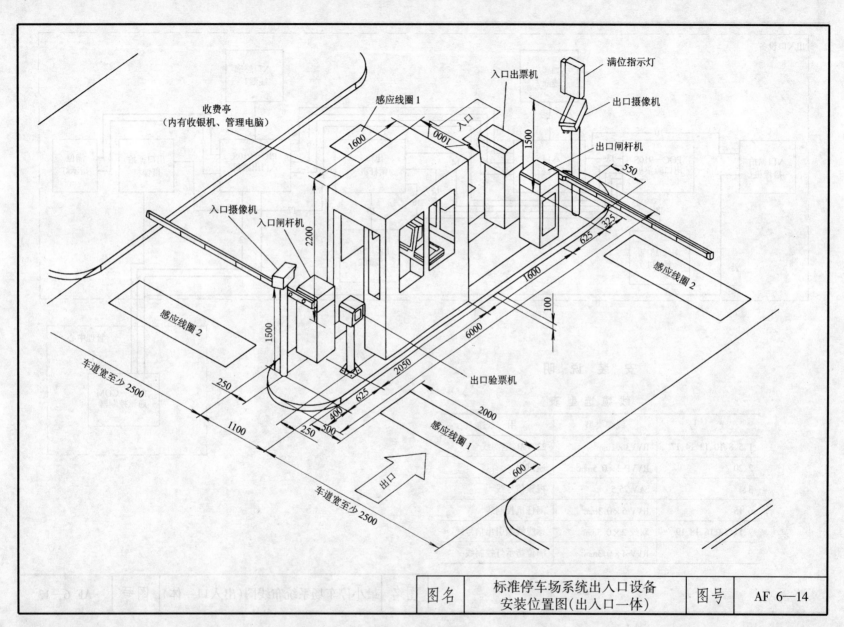

| 图名 | 标准停车场系统出入口设备安装位置图(出入口一体) | 图号 | AF 6—14 |

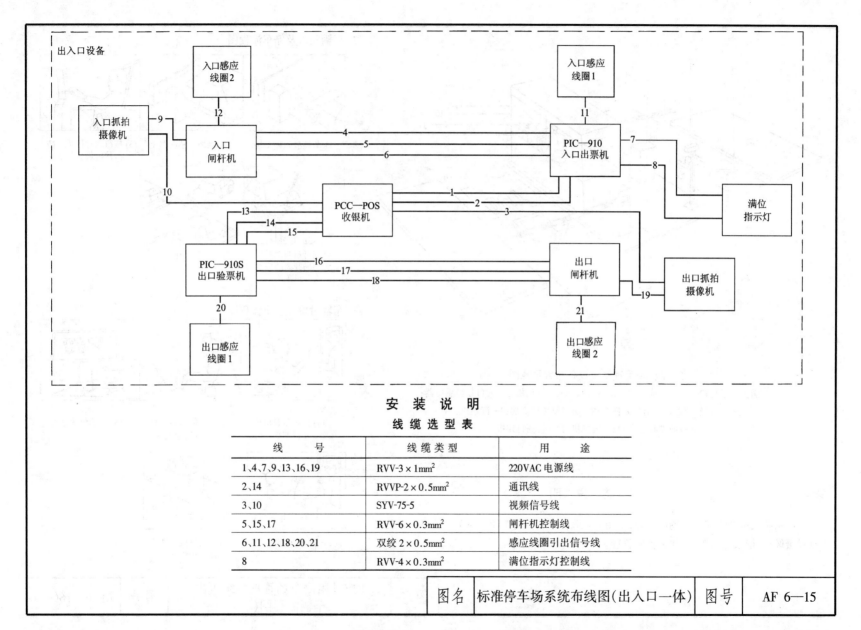

2. 车辆驶入及停车流程图

(1) 车辆驶入停车场　(2) 停到地下感应器上　(3) 按钮取时租票或插入月租票后取回

(4) 闸杆机自动升启，车辆驶离感应器后闸杆机关闭　(5) 停车

3. 车辆付费及驶出流程图

(1) 持时租票出车先付款　(2) 插入时租票到读票机中　(3) 显示付费金额

(4) 付费打印收据　(5) 开闸杆机车辆驶出停车场

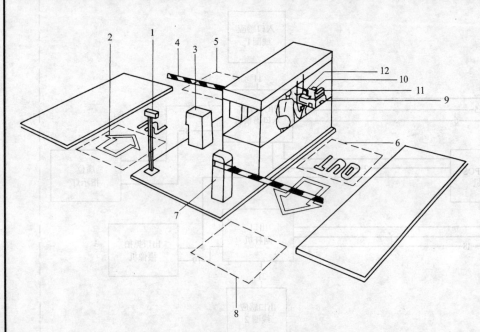

1. 停车场管理系统设备布置示意图

1—满位指示灯；2—入口感应器；3—出票机；4—入口闸杆机；5—入口复位感应器；
6—出口感应器；7—出口闸杆机；8—出口复位感应器；9—读票机；
10—收费显示器；11—收费机；12—收据打印机

安 装 说 明

该系统收费亭设在停车场出口处，采用人工收验票并放行车辆。在车辆进出位置还可设置摄像机，记录进出车辆，加强保安管理。

| 图名 | 时/月租停车场管理系统进出车辆流程图（一） | 图号 | AF 6—16(一) |

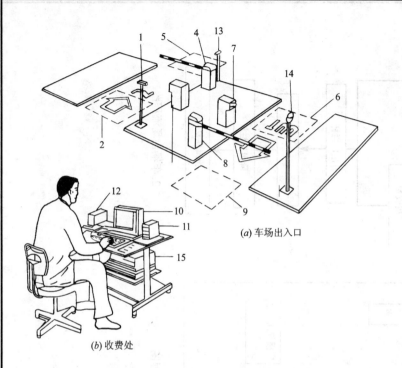

(a) 车场出入口

(b) 收费处

1. 停车场管理系统设备布置示意图

1—满位指示灯；2—入口感应器；3—出票机；4—入口闸杆机；
5—入口复位感应器；6—出口感应器；7—验票机；8—出口闸杆机；
9—出口复位感应器；10—收费机；11—收据打印机；12—读票机；
13—入口摄像机；14—出口摄像机；15—录像机

安 装 说 明

该系统收费设在停车场出口以外地点，车辆离开停车场前，先到收费处交费，当车辆驶进出口处时，将停车票插入验票机，验证无误后，开闸杆机放行。摄像机可摄取进出车辆，以加强保安。

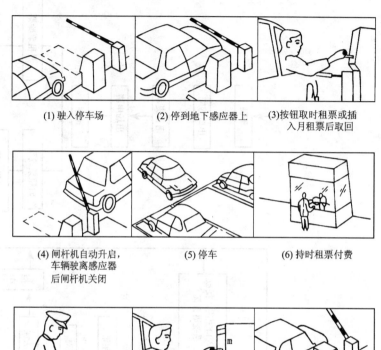

(1) 驶入停车场　　(2) 停到地下感应器上　　(3) 按钮取时租票或插入月租票后取回

(4) 闸杆机自动升启，车辆驶离感应器后闸杆机关闭　　(5) 停车　　(6) 持时租票付费

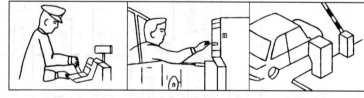

(7) 确认付费金额，打印收据　　(8) 出口插入票到验票机（月租票退回、时租票不退）　　(9) 闸杆机自动升启车辆驶离车场，闸杆机关闭

2. 车辆进出车场流程图

图名	时/月租停车场管理系统进出车辆流程图(二)	图号	AF 6—16(二)

257

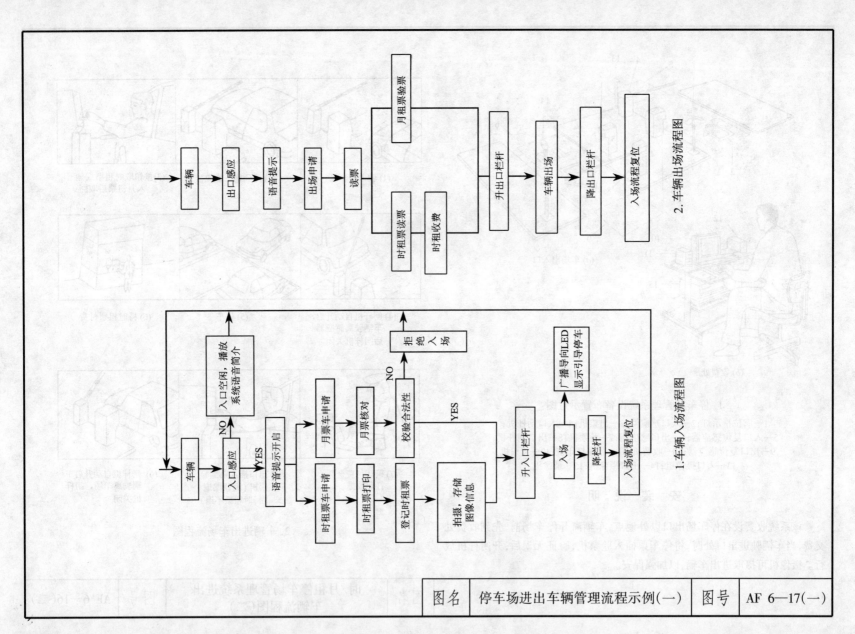

| 图名 | 停车场进出车辆管理流程示例(一) | 图号 | AF 6—17(一) |

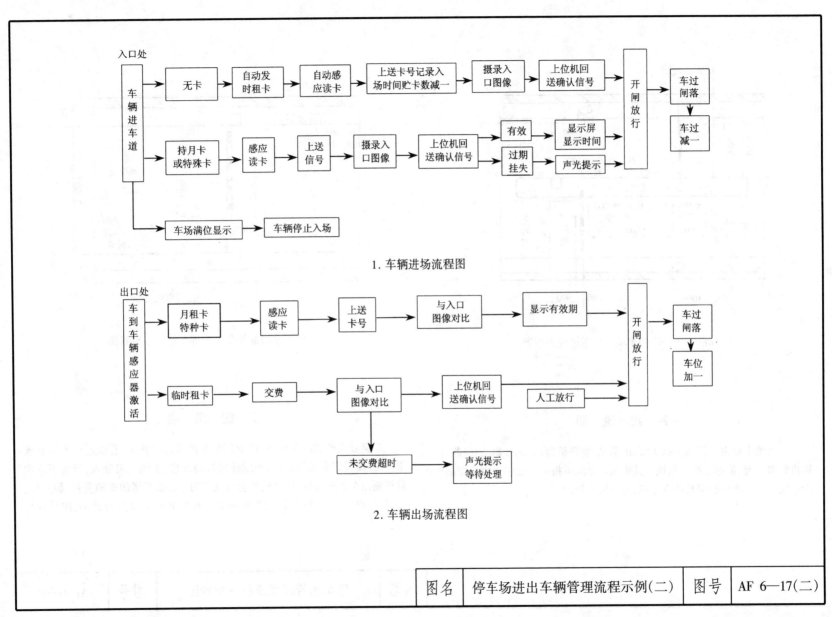

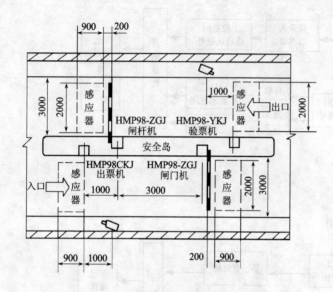

1. 标准一进一出停车场管理系统设备布置图

2. 单车道内部停车场管理系统设备布置图

系 统 说 明

该系统主要由入口满位指示灯、出票机、验票机、自动闸杆机、感应器、计算机收费系统、摄像系统等组成。其中入口处满位指示灯及中央收费控制管理系统可远离出口验票机所在地点，可灵活设置。

系 统 说 明

车辆驶入或驶出车场时，将定期卡在读卡器前感应，若该定期卡为有效卡，并经图像识别系统确认，则闸杆机自动开启，车辆便可驶入，当地下感应器探测出车辆驶过后，闸杆机便会自动关闭。进出车场的车辆资料，如卡号、车号、进出车场的时间、日期等可由中央控制管理系统进行显示，统计或打印。

| 图名 | 停车场管理系统设备布置图 | 图号 | AF 6—18 |

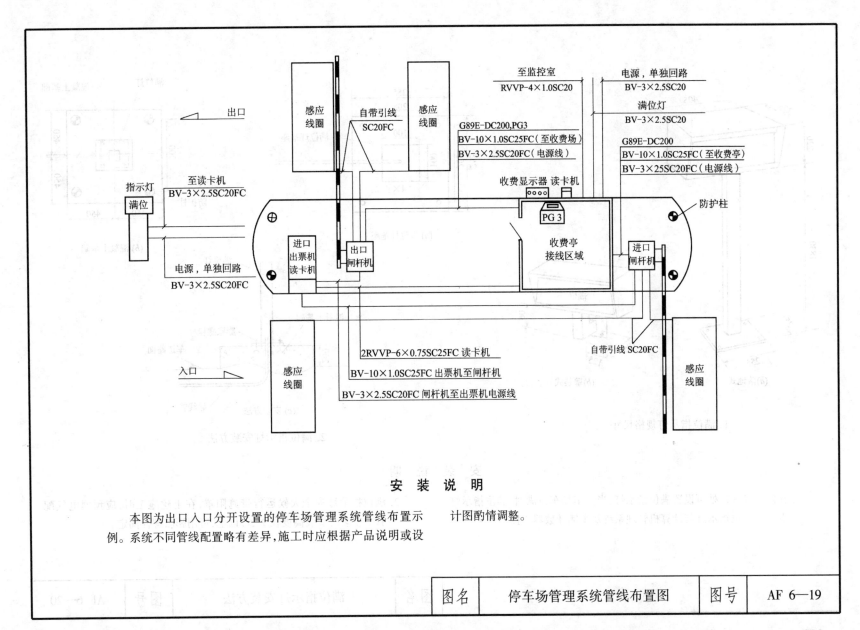

安装说明

本图为出口入口分开设置的停车场管理系统管线布置示例。系统不同管线配置略有差异,施工时应根据产品说明或设计图酌情调整。

图名	停车场管理系统管线布置图	图号	AF 6—19

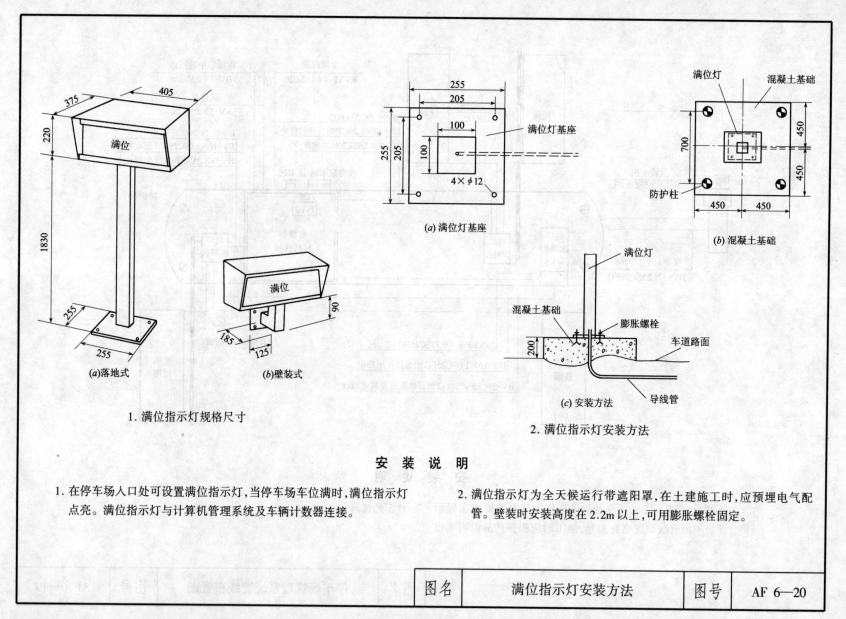

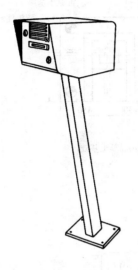

1. 读卡机

安 装 说 明

1. 读卡机置于停车场入口处,供持有月卡等各类定期卡顾客使用,读卡机分为磁卡读卡机、IC卡读卡机、感应式读卡机等类型。
2. 在土建施工时应预埋电气配管,读卡机可预埋地脚螺栓或膨胀螺栓进行安装。

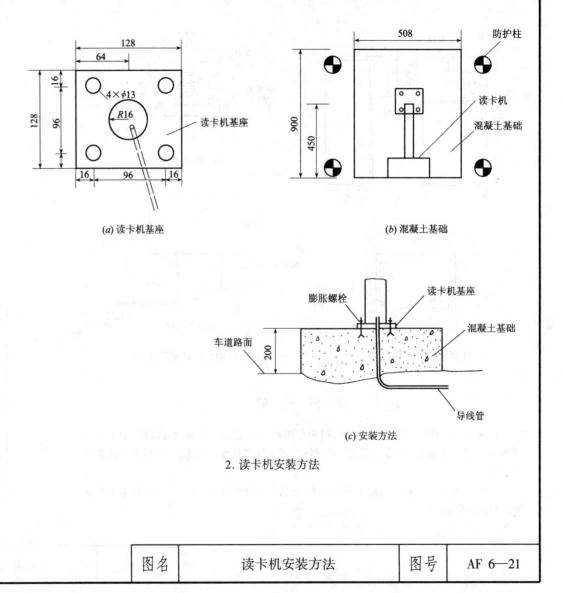

(a) 读卡机基座

(b) 混凝土基础

(c) 安装方法

2. 读卡机安装方法

| 图名 | 读卡机安装方法 | 图号 | AF 6—21 |

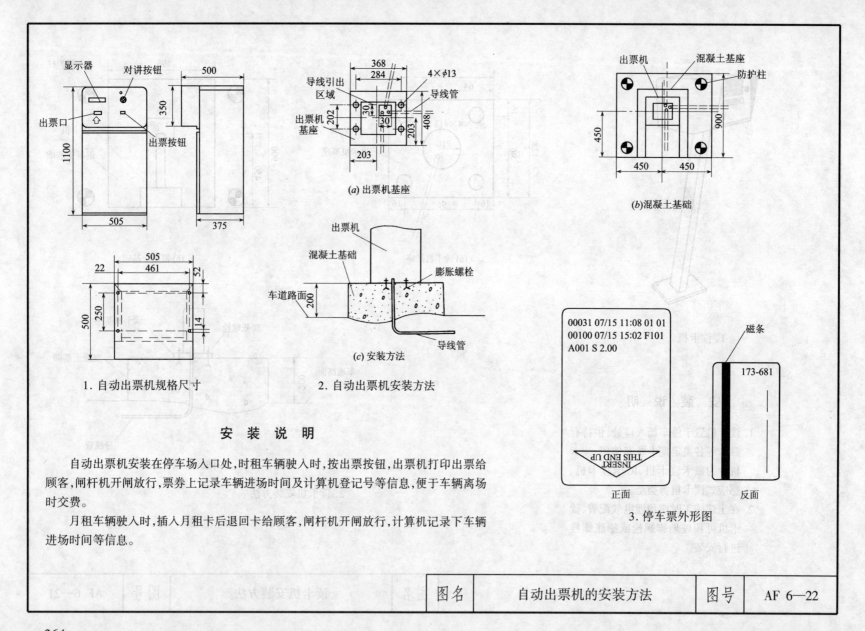

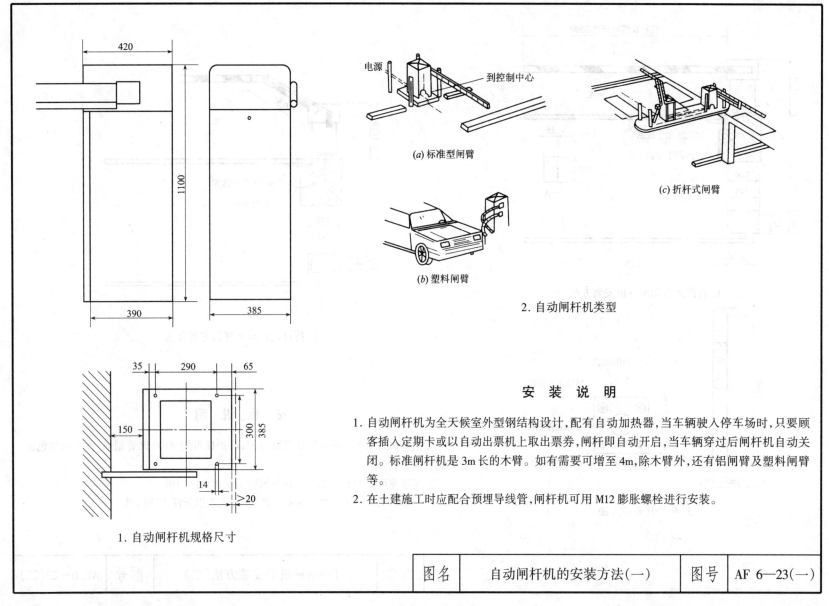

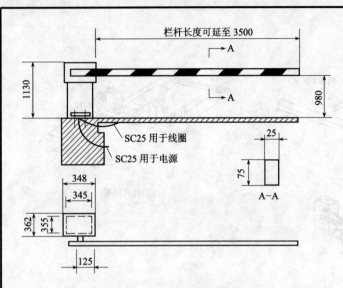

1. 直杆式自动闸杆机安装方法

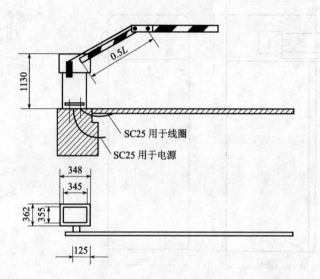

2. 折杆式自动闸杆机安装方法

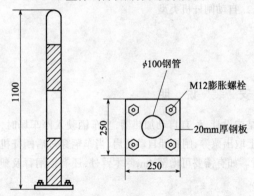

3. 防护柱安装方法

安 装 说 明

1. 闸杆机边上可安装防护柱进行保护,防护柱可用 φ100 钢管制成,外涂黄黑色油漆。
2. 车道宽度大于 6m 时,可在两侧同时安装两台闸门机。
3. 当车道的高度低于栏杆的抬起高度时,应选用折杆式闸门机。

| 图名 | 自动闸杆机的安装方法(二) | 图号 | AF 6—23(二) |

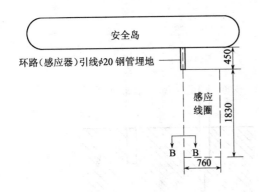

1. 感应线圈布置图

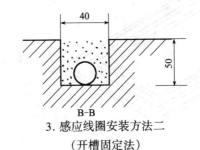

3. 感应线圈安装方法二
（开槽固定法）

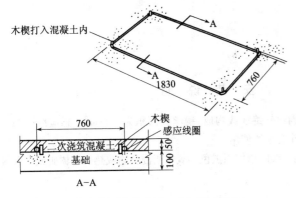

2. 感应线圈安装方法一（木楔固定法）

安 装 说 明

1. 感应线圈放在100mm厚的水泥基础上，且基础内无金属物体，四角用木楔固定，木楔钉入水泥基础后，其超出部分不应高于50mm。感应线圈安装好后，需要二次混凝土浇筑，施工时要与土建专业密切配合。
2. 感应线圈也可在地面开槽，然后将线圈放入槽内进行安装固定。
3. 感应线圈内部探测线有塑料预制架保护，在安装时注意不能伤害导线。
4. 探测线圈必须被装于方的槽中，且槽内应没有无关的线路，电气动力线路距线槽距离应在500mm以外。距金属和磁性物体的距离应大于300mm。
5. 感应线圈至控制设备之间的引线（专用）应为连续的，并没有接头。

| 图名 | 感应线圈的安装方法（一） | 图号 | AF 6—24（一） |

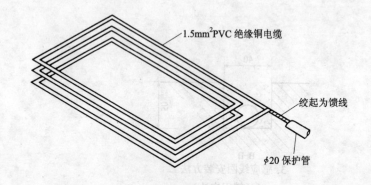

1. 感应线圈组成图

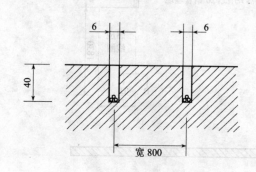

3. 感应线圈安装方法

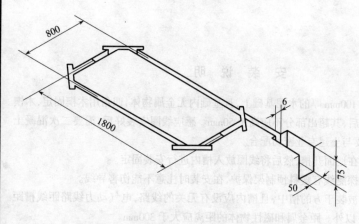

2. 感应线圈地面开槽尺寸

安 装 说 明

1. 感应线圈由多股铜丝软绝缘线构成,铜丝截面积为1.5mm²。感应线圈的头尾部分绞起来可作为馈线使用。
2. 感应线圈安装完后,线圈槽使用黑色环氧树脂混合物或热沥青树脂或水泥封闭。

| 图名 | 感应线圈的安装方法(二) | 图号 | AF 6—24(二) |

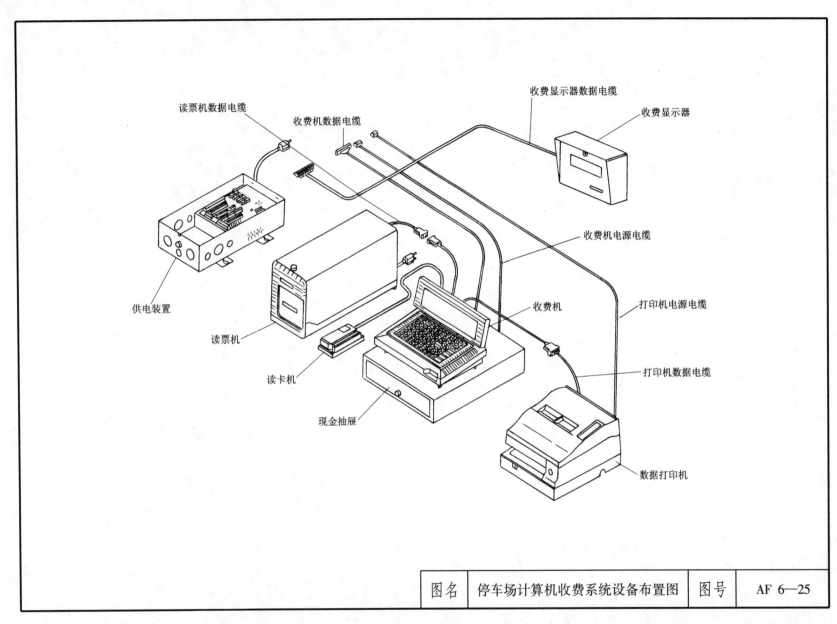

| 图名 | 停车场计算机收费系统设备布置图 | 图号 | AF 6—25 |

附 录

#	符号	名称
1		电视摄像机
2	R	球形摄像机
3		带云台的电视摄像机
4	R	带云台的球形电视摄像机
5		图像分割器
6		电视监视器
7		带式录像机
8	KY	操作键盘
9		打印机
10		紧急按钮开关
11		无线紧急按钮开关
12		门(窗)磁开关
13		无线门(窗)磁开关
14	IR	被动红外入侵探测器
15	IR	无线被动红外入侵探测器
16	M	微波入侵探测器
17	IR/M	被动红外／微波双技术探测器
18	B	玻璃破碎探测器
19	B	无线玻璃破碎探测器
20	Rx --IR-- Tx	主动红外入侵探测器

图名：弱电系统常用图形（一）　　图号：附—1（一）

1. 保安巡更打卡器	2. 读卡器	3. 读卡器与键盘	4. 电子收款机 (POS)	5. 电控锁 (EL)
6. 楼宇对讲电控防盗门主机	7. 可视对讲机	8. 对讲电话分机	9. 电话机	10. 火灾报警控制器 (C)
11. 感温探测器	12. 无线感温探测器	13. 感烟探测器	14. 无线感烟探测器	15. 可燃气体探测器
16. 无线可燃气体探测器	17. 手动火灾报警按钮	18. 输入模块 (I)	19. 输出模块 (O)	20. 输入/输出模块 (I/O)

图名	弱电系统常用图形(二)	图号	附—1(二)

1. 天线	2. 带矩形波导馈线的抛物天线	3. 电视机	4. MCU 多点控制设备	5. A 扩音机
6. 功率放大器	7. 传声器	8. 扬声器	9. 蜂鸣器	10. 电铃
11. HUB 集线器或交换机	12. LIU 光纤互连装置	13. PABX 程控用户交换机	14. 配线架	15. TO 信息插座
16. xDSL Modem xDSL 调制解调器	17. CM 电缆调制解调器	18. 光纤或光缆	19. C 采集终端	20. HC 家庭控制器

图名	弱电系统常用图形（三）	图号	附—1（三）

1. 户内分配箱	2. 双向放大器	3. 匹配终端	4. 信号灯	5. 按钮
6. 电源插座	7. 热能表	8. 煤气表	9. 水表	10. 电度表
11. 直接数字控制器	12. 电磁阀	13. 空气加热器	14. 空气冷却器	15. 电动对开多叶调节阀
16. 电动蝶阀	17. 风机	18. 冷却塔	19. 冷水机组	

图名	弱电系统常用图形(四)	图号	附—1(四)

系 统	甲 级 标 准	乙 级 标 准	丙 级 标 准
安全防范系统	集成式安全防范系统： 1. 应设置安全防范系统中央监控室。应能通过统一的通信平台和管理软件将中央监控室设备与各系统设备联网，实现由中央控制室对全系统进行信息集成的自动化管理 2. 应能对各子系统的运行状态进行监测和控制，应能对系统运行状况和报警信息数据等进行记录和显示。应设置必要的数据库 3. 应建立以有线传输为主、无线传输为辅的信息传输系统。中央监控室应能对信息传输系统进行检测，并能与所有重要部位进行无线通信联络。应设置紧急报警装置 4. 应留有多个数据输入、输出接口，应能连接各安全防范子系统管理计算机。应留有向外部公安报警中心联网的通信接口。应能连接上位管理计算机，以实现更大规模的系统集成	综合式安全防范系统： 1. 应设置安全防范系统中央监控室。应能通过统一的通信平台和管理软件将中央监控室设备与各系统设备联网，实现由中央控制室对全系统进行信息集成的集中管理和控制 2. 应能对各子系统的运行状态进行监测和控制，应能对系统运行状况和报警信息数据等进行记录和显示 3. 应建立以有线传输为主、无线传输为辅的信息传输系统。中央监控室应能对信息传输系统进行检测，并能与所有重要部位进行无线通信联络。系统应设置紧急报警装置 4. 应留有多个数据输入、输出接口，应能连接各安全技术防范子系统管理计算机。系统应留有向外部公安报警中心联网的通信接口	组合式安全防范系统： 1. 应设置安全技术防范管理中心(值班室)，各子系统分别单独设置，统一管理 2. 各子系统应能单独对运行状况进行监测和控制，并能提供可靠的监测数据和报警信息 3. 各子系统应能对系统运行状况和重要报警信息进行记录，并能向管理中心提供决策所需的主要信息 4. 应设置紧急报警装置，应留有向外部公安报警中心报警的通信接口

注：智能建筑中各智能化系统应根据使用功能、管理要求和建设投资等划分为甲、乙、丙三级(住宅除外)，且各级均有可扩性、开放性和灵活性。智能建筑的等级按有关评定标准确定。

| 图名 | 智能建筑安全防范系统设计标准 | 图号 | 附—2 |

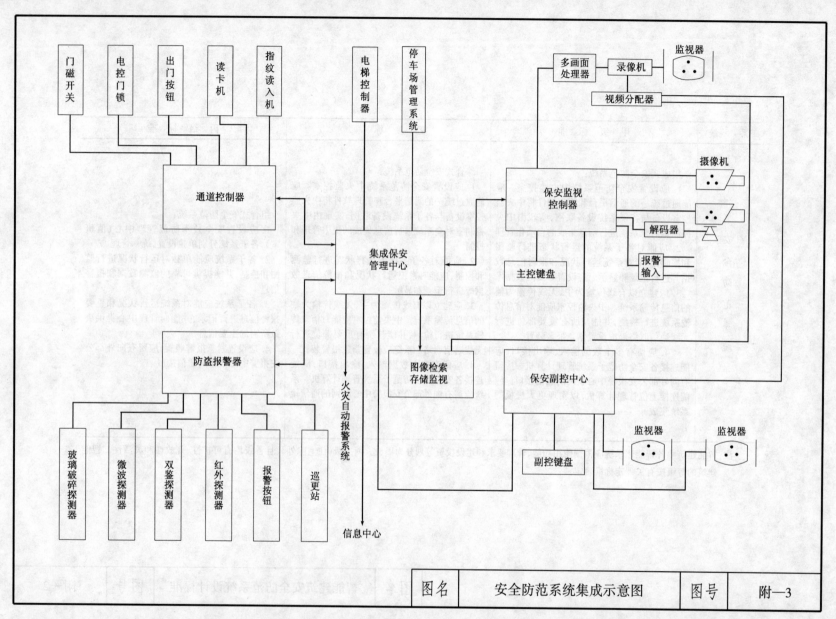

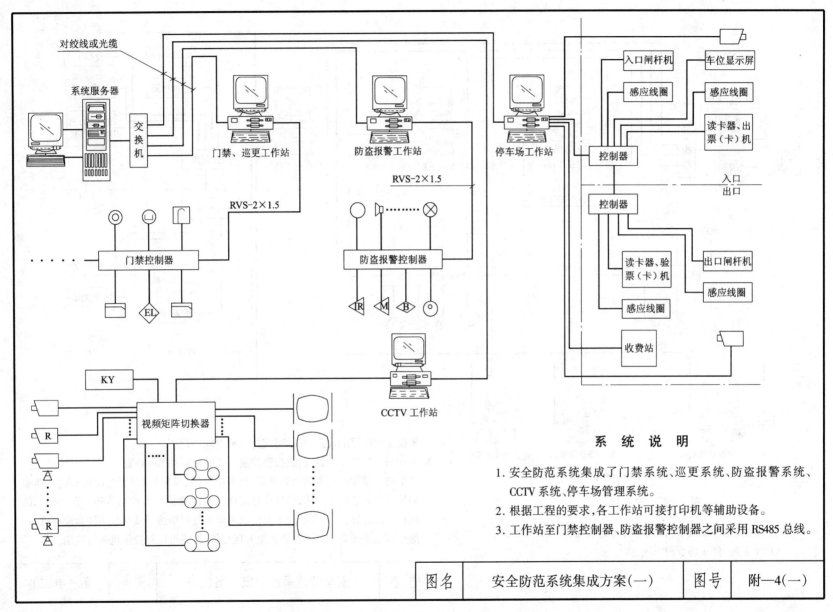

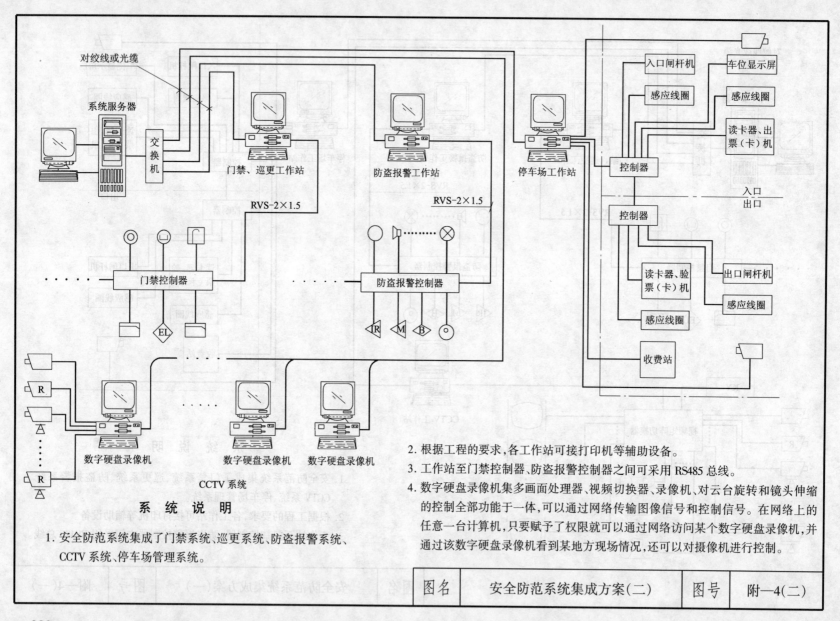

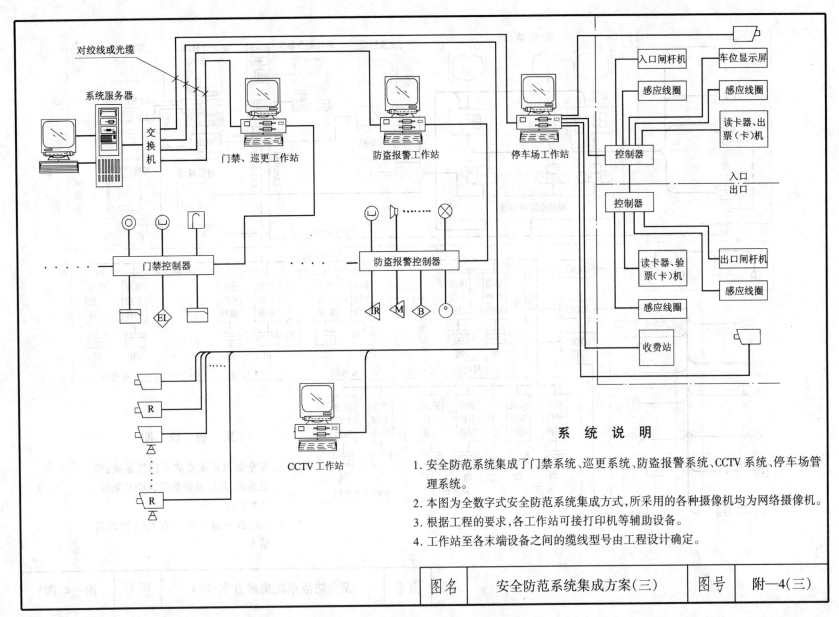

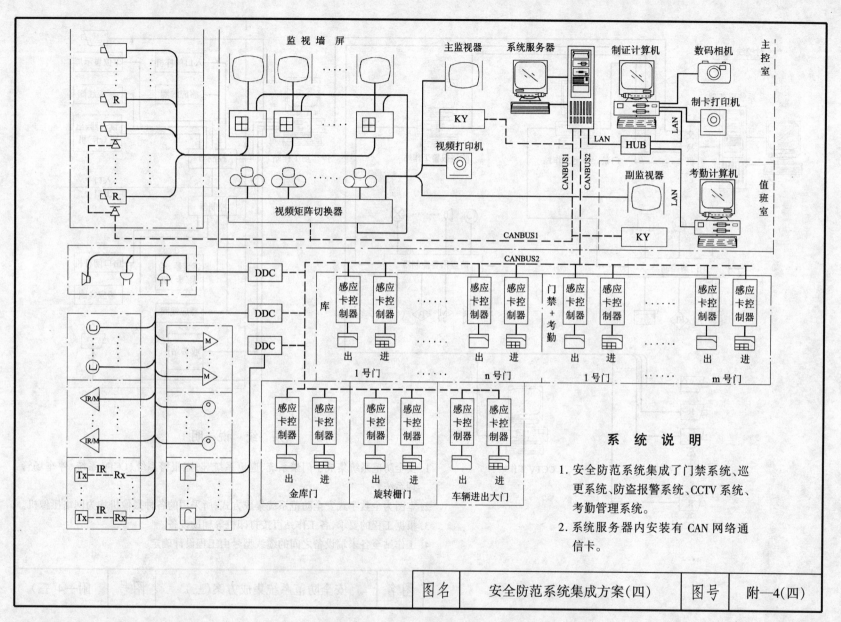

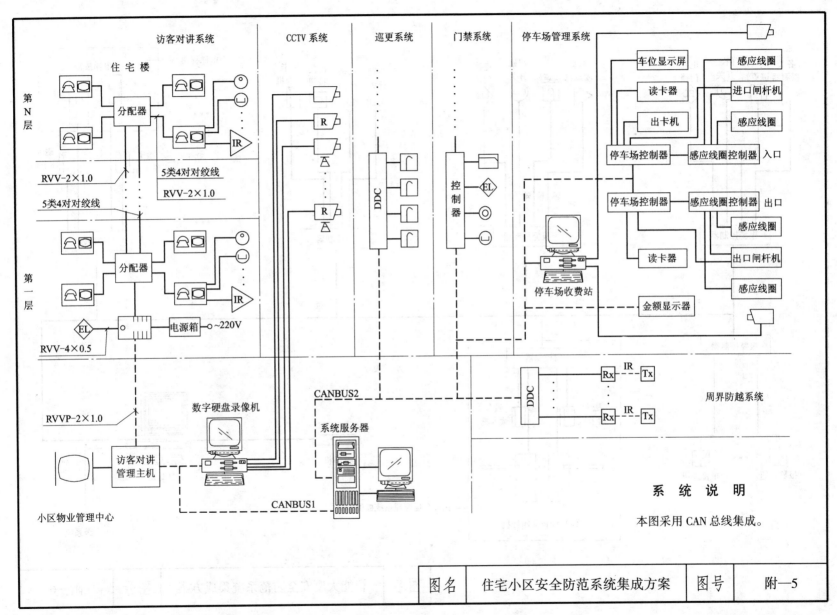

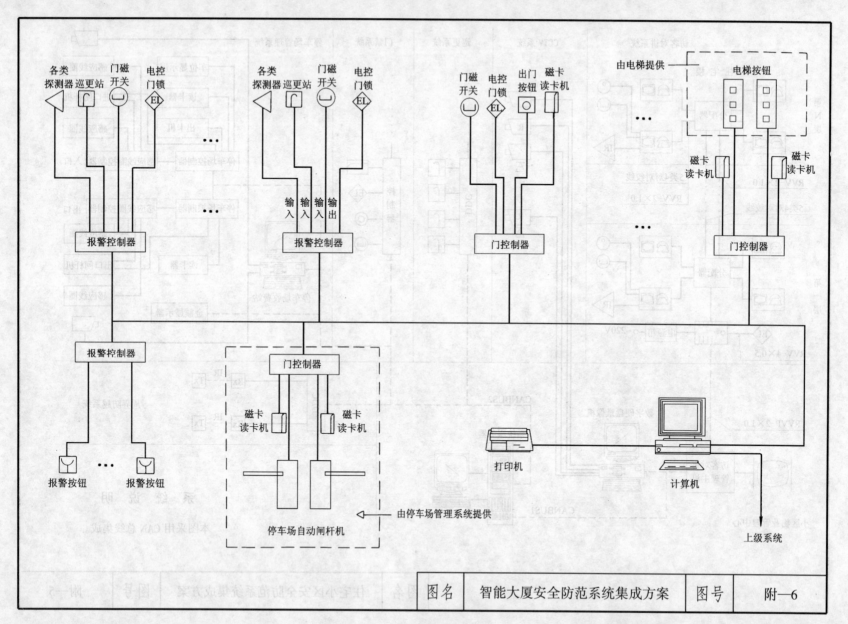

序号	标准规范编号	标准规范名称	被代替编号	序号	标准规范编号	标准规范名称	被代替编号
1	GBJ 16—87	建筑设计防火规范(1997年版)		16	GB 50160—92	石油化工企业设计防火规范	
2	GBJ 42—81	工业企业通信设计规范		17	GB 50174—93	电子计算机机房设计规范	
3	GB 50045—95	高层民用建筑设计防火规范(1997年版)	GBJ 45—82	18	GB 50198—94	民用闭路监视电视系统工程技术规范	
4	GBJ 63—90	电力装置的电气测量仪表装置设计规范	GBJ 63—83	19	GB 50200—94	有线电视系统工程技术规范	
				20	GB 50219—95	水喷雾灭火系统设计规范	
5	GB 50067—97	汽车库、修车库、停车场设计防火规范	GBJ 67—84	21	GB 50227—95	并联电容器装置设计规范	
				22	GB 50229—96	火力发电厂与变电所设计防火规范	
6	GBJ 79—85	工业企业通信接地设计规范		23	GB/T 50311—2000	建筑与建筑群综合布线系统工程设计规范	
7	GBJ 84—85	自动喷水灭火系统设计规范					
8	GB 50096—99	住宅设计规范		24	GB/T 50314—2000	智能建筑设计标准	
9	GBJ 98—97	人民防空工程设计防火规范	GBJ 98—87	25	GB 1417—78	常用电信设备名词术语	
10	GBJ 115—87	工业电视系统工程设计规范		26	GB 4026—83	电器接线端子的识别和用字母数字符号标志接线端子通则	
11	GB 50116—98	火灾自动报警系统设计规范	GBJ 116—88	27	GB 4327—84	消防设施图形符号	
13	GBJ 120—88	工业企业共用天线电视系统设计规范		28	GB 4728—85	电气图用图形符号	
				29	GB 4968—85	火灾分类	
14	GBJ 142—90	中、短波广播发射台与电缆载波通信系统的防护间距标准		30	GB 5094—85	电气技术中的项目代号	
				31	GB 5465—85	电气设备图形符号	
15	GBJ 143—90	架空电力线路、变电所对电视差转台、转播台无线电干扰防护间距标准					

图名	常用弱电设计规范、标准目录(一)	图号	附—7(一)

序号	标准规范编号	标准规范名称	被代替编号	序号	标准规范编号	标准规范名称	被代替编号
1	GB 6988—86	电气制图		18	GB/T 15211—94	报警系统环境实验	
2	GB 7159—87	电气技术中的文字符号制订通则		19	GB/T 15381—94	会议系统电及音频的性能要求	
3	GB 9771—88	市内光缆通信系统进网要求		20	GB 15407—94	遮挡式微波入侵探测器技术要求和实验方法	
4	GB 10408.1—89	入侵探测器通用技术条件					
5	GB 10408.2—89	超声波入侵探测器		21	GB/T 15408—94	报警系统电源装置、测试方法和性能规范	
6	GB 10408.3—89	微波入侵探测器					
7	GB 10408.4—89	主动红外入侵探测器		22	GB/T 15837—95	数字同步网接口要求	
8	GB 10408.5—89	被动红外入侵探测器		23	GB/T 15839—95	64～1920kbit/s会议电视系统进网技术要求	
9	GB 10408.6—91	微波和被动红外复合入侵探测器					
10	GB 10408.7—1996	超声和被动红外复合入侵探测器		24	GB/T 16571—1996	文物系统博物馆安全防范工程设计规范	
11	GB 10408.8—1997	振动入侵探测器					
12	GB 11820—89	市内通信全塑电缆线路工程设计规范		25	GB/T 16572—1996	防盗报警中心控制台	
				26	GB/T 16576—1996	银行营业场所安全防范工程设计规范	
13	GB 12323—90	电视接收机确保与电缆分配系统兼容的技术要求					
				27	GB/T 16577—1996	报警图像信号有线传输装置	
14	GB 12663—90	防盗报警控制器通用技术条件					
15	GB 14948—94	30MHz～1GHz声音和电视信号电缆分配系统		28	GB 16796—1997	安全防范报警设备安全要求和实验方法	
				29	JGJ/T 16—92	民用建筑电气设计规范	JGJ16—83
16	GB 15209—94	磁开关入侵探测器		30	JGJ 37—87	民用建筑设计通则	
17	GB 15210—94	通过式金属探测门通用技术条件		31	SJ 2708—87	声音和电视信号的电缆分配系统图形符号	

图名	常用弱电设计规范、标准目录(二)	图号	附—7(二)

序号	标准规范编号	标准规范名称	被代替编号	序号	标准规范编号	标准规范名称	被代替编号
1	YDJ 1—89	邮电通信电源设备安装设计规范		14	GYJ 26—86	有线广播录音、播音室声学设计规范和技术用房技术要求	
2	YDJ 9—90	市内通信全塑电缆线路工程设计规范		15	GYJ 41—89	卫星广播电视地球站设计规范	
3	YDJ 13—88	市内电信网光纤数据传输系统工程设计暂行技术规定		16	GY/T 106—99	有线电视广播系统技术规范	GY/T106—92
				17	GY/T 121—95	CATV 行业标准	
4	YDJ 20—88	程控电话交换设备安装设计暂行技术规定		18	GA 27—92	文物系统博物馆风险等级和安全防护级别的规定	
5	YDJ 24—88	电信专用房屋设计规范		19	GA/T 70—94	安全防范工程费用概预算编制方法	
6	YDJ 26—89	通信局(站)接地设计暂行技术规定		20	GA/T 72—94	楼寓对讲电控防盗门通用技术条件	
7	YD/T 926.1—1997	大楼通信综合布线系统第1部分:总规范		21	GA/T 74—2000	安全防范系统通用图形符号	CA/T74—94
				22	CA/T 75—94	安全防范工程程序与要求	
8	YD/T 926.2—1997	大楼通信综合布线系统第2部分:综合布线用电缆、光缆技术要求		23	GA/T 269—2001	黑白可视对讲系统	
				24	建设部批准	建筑工程设计文件编制深度的规定(1992年10月1日试行)	
9	YD/T 926.3—1997	大楼通信综合布线系统第3部分:综合布线用连接硬件通用技术要求		25	国家经济委员会批准	全国供用电规则(1983年8月25日实行)	
10	YD 344—90	用户交换机标准					
11	YD/2 009—93	城市住宅区和办公楼电话通信设施设计标准		26		中华人民共和国消防法(1998年9月1日执行)	
12	YD 5068—98	移动通信基站防雷与接地设计规格		27		中华人民共和国建筑法(1998年3月1日执行)	
13	GYJ 25—86	厅堂扩声系统声学特性指标					

图名	常用弱电设计规范、标准目录(三)	图号	附—7(三)

1. 常用弱电安装工程施工及验收规范

序号	标准规范编号	标准规范名称	被代替编号
1	GBJ 93—86	工业自动化仪表工程施工及验收规范	
2	GBJ 131—90	自动化仪表安装工程质量检验评定标准	TJ308—77
3	GB 50166—92	火灾自动报警系统施工及验收规范	
4	GB/T 50312—2000	建筑与建筑群综合布线系统工程验收规范	
5	YDJ 38—85	市内电话线路工程施工及验收技术规范	
6	YDJ 44—89	电信网光纤数字传输系统工程施工及验收暂行技术规定	
7	YD 2001—92	市内通信全塑电缆线路工程施工及验收技术规范	
8	GB 50319—2000	建筑工程监理规范	

2. 常用弱电工程建设推荐性标准

序号	标准规范编号	标准名称	被代替编号
1	CECS09:89	工业企业程控用户交换机工程设计规范	
2	CECS32:91	并联电容器用串联电抗器设计选择标准	
3	CECS33:91	并联电容器装置的电压容量系列选择标准	
4	CECS36:91	工业企业调度电话和会议电话工程设计规范	
5	CECS37:91	工业企业通信工程设计图形及文字符号标准	
6	CECS62:94	工业企业扩音通信系统工程设计规程	
7	CECS64:94	高压交流架空送电线无线电干扰对中波导航影响的计算方法	
8	CECS65:94	送电线路对双线电话线路电磁干扰计算方法	
9	CECS66:94	交流高压架空送电线对短波无线电测向台(站)和收信台(站)保护间距计算方法	
10	CECS67:94	交流电气化铁道对电位线路杂音干扰影响的计算方法	
11	CECS72:97	建筑与建筑群综合布线系统工程设计规范	CECS72:95
12	CECS81:96	工业计算机监控系统抗干扰技术规范	
13	CECS89:97	建筑与建筑群综合布线系统工程施工及验收规范	
14	CECS119—2000	城市住宅建筑综合布线系统工程设计规范	

图名	常用弱电安装工程施工及验收规范、弱电工程建设推荐性标准	图号	附—8

主 要 参 考 文 献

1 柳涌主编.建筑安装工程施工图集3电气工程(第二版).北京:中国建筑工业出版社,2002
2 柳涌主编.建筑安装工程施工图集6弱电工程(第二版).北京:中国建筑工业出版社,2002
3 建筑智能化系统集成设计图集.北京:中国建筑标准设计研究所出版,2003
4 中国建筑标准设计研究所、全国工程建筑标准设计弱电专业专家委员会编写.住宅智能化电气设计手册.北京:中国建筑工业出版社,2001